Schall und Klang

Leitfaden der Elektroakustik für Architekten, Elektrotechniker
und Studierende

Von

Dr.-Ing. Fritz Bergtold

Mit 214 Bildern im Text und 27 Tafeln

München und Berlin 1939

Verlag von R. Oldenbourg

Vorwort.

Nach einer grundlegenden und verständlichen Einführung in die praktische Elektroakustik besteht ein dringendes Bedürfnis. Diesem möchte ich mit dem vorliegenden Werk Rechnung tragen. Als erstrebenswert erschien mir dabei vor allem: Klares Herausarbeiten der hauptsächlichen Gesichtspunkte, anschauliche und lebendige Abfassung, verständliche Sprache und scharfes Umreißen der grundlegenden Begriffe. Außerdem gab ich mir alle Mühe, das Buch so zu schreiben, daß es auf jede wesentliche Frage unmittelbar eingeht. Das ist für den Praktiker wichtig. Er kann nicht immer wieder mit dem Anfang des Buches beginnen. Dazu fehlen ihm Zeit und Ruhe. Daß hierbei einige Wiederholungen in Kauf genommen werden mußten, dürfte kaum stören. Die Wiederholungen beziehen sich auf die Kernpunkte, die etwa auch im Unterricht mehrmals betrachtet werden sollten. Überdies sind die Wiederholungen so gefaßt, daß dabei stets wieder Neues geboten wird oder daß eine jeweils andere Seite in den Vordergrund tritt.

Die Elektroakustik hat erst in den letzten Jahren große Bedeutung erlangt. Man baut heute Übertragungsanlagen, von denen außerordentlich viel verlangt wird, in jeder Größe. Dabei treten vielfache Schwierigkeiten auf. Diese sind gewiß zu einem Teil in dem noch geringen Alter der Übertragungstechnik begründet, wobei der Mangel an geschulten Fachleuten im Vordergrund steht. Der größte Teil der Schwierigkeiten rührt aber von folgendem Vorurteil her: Die Bauherren, die Architekten und die Raumgestalter betrachten elektroakustische Anlagen häufig als ein reines Zubehör, das sich nachträglich ohne weiteres in ein gegebenes Bauwerk und in bestimmt ausgestaltete Räume einfügen lassen muß und das darin hohe Ansprüche an die Wiedergabegüte restlos zu befriedigen hat.

Aus diesen Hinweisen folgt, daß ein Buch, wie das vorliegende, mehreren sich nur lose berührenden Leserkreisen dienen muß. Einerseits soll es eine Grundlage für die Schulung der Elektroakustiker bieten, die später Übertragungsanlagen zu bauen haben, anderseits soll es vor allem auch die Architekten in die Grundfragen der Elektroakustik einführen, um ihnen zu zeigen, wie sie beim Gestalten und beim Ausbau der Räume die Lautsprecherwiedergabe zu berücksichtigen haben, welche Lautsprecheranordnungen in Betracht kommen und was sonst für die Übertragungsanlagen vorzusehen ist. Schließlich aber hat ein

1*

solches Buch über alle praktisch wichtigen Fragen Auskunft zu geben. Es soll z. B. zeigen, wie man Schwierigkeiten überwindet, die auftreten können, wenn gegebene Räume mit Übertragungsanlagen auszustatten sind oder wenn Forderungen gestellt werden, die sich unter Zuhilfenahme üblicher Mittel nicht ohne weiteres erfüllen lassen. Nebenbei will das Buch zwischen Architekten und Elektroakustikern vermitteln, indem es Anhaltspunkte dafür gibt, wie man sich auf einen mittleren Weg, der beiden Teilen bestens Rechnung trägt, zu einigen vermag.

Zu Studienzwecken ist es am günstigsten, das ganze Buch in der vorliegenden Reihenfolge durchzuarbeiten.

Den Architekten möchte ich zur Einführung die Abschnitte C und D sowie für die praktische Tätigkeit die Abschnitte E, F und G besonders warm ans Herz legen. Auch der Abschnitt O wird die Architekten vielleicht ein wenig unterstützen können.

Für die Elektroakustiker sind die Abschnitte D, P, J, G, F, H, K, L, M, N und O — etwa in der angegebenen Reihenfolge — am wichtigsten.

Sowohl die Architekten wie die Elektroakustiker werden später nicht umhin können, die allgemeinen Abschnitte A und B sowie die übrigen Teile des Buches durchzulesen.

Möge dieses Werk, das im Laufe der letzten Jahre allmählich die hier wiedergegebene Gestalt angenommen hat, zu einer weiteren Steigerung der Wiedergabegüte beitragen!

München, August 1939.

F. Bergtold.

Inhaltsverzeichnis.

I. Grundlagen.

A. Schall und Klänge.

1. Vorbemerkung.

Der Schall und der Klang sowie dessen Sonderarten: der Ton, das Geräusch und der Knall sind unabhängig von unserem Gehör vorhanden. Dennoch können wir schon in diesem einleitenden Teil des Buches nicht ganz darauf verzichten, das Gehör als eine Grundlage der Betrachtungen hinzunehmen. Wir beschränken uns dabei auf das Allernotwendigste. Genaueres über die hier wichtigen Eigenheiten des Gehörs bringt der Teil C.

2. Der Schall als grundlegender Begriff.

Unter Schall verstehen wir Druckschwankungen, wobei auf jede einzelne Schwankung (einzelne Schallwelle) eine kurze Zeitspanne — von weit unter $1/_{100\,000}$ bis $1/_5$ Sekunden — entfällt. Für unser Gehör kommen jedoch nur die Schallwellen in · Betracht, deren zugehörige Zeitspannen zwischen $1/_{20\,000}$ und $1/_{16}$ Sekunden liegen. Die länger als $1/_{16}$ Sekunde dauernden Schallwellen werden »Infraschall«, die kürzer als $1/_{20\,000}$ Sekunde dauernden Schallwellen »Ultraschall« genannt.

An Stelle der Zeitdauer der einzelnen Schallwelle gibt man meist ihre Frequenz (Häufigkeit) an. Das ist die Zahl der auf eine Sekunde entfallenden Schallwellen. Beträgt die Dauer einer Schallwelle $1/_{200}$ Sekunde, so kommt das einer Frequenz von 200 Schallwellen je Sekunde gleich.

Statt »Schallwellen je Sekunde« sagt man meist »Hertz« (abgekürzt Hz). Um für höhere Frequenzen große Zahlen zu vermeiden, gibt man diese Frequenzen fast immer in Kilohertz (abgekürzt kHz) an. Beispiel: 5 kHz = 5000 Hz.

Der Schall umfaßt also im engeren Sinn alle Luftdruckschwankungen mit den Frequenzen 16 bis 20000 Hertz. Ob wir diese Druckschwankungen im Einzelfall hören oder nicht, spielt dabei keine ausschlaggebende Rolle.

Die von der Schallquelle jeweils abgestrahlten Schallwellen entsprechen einer Schalleistung, die z. B. in Mikrowatt oder Watt gemessen werden kann. Diese Schalleistung überträgt sich in den Raum, so daß an jeder Stelle des Raumes jeweils eine bestimmte Schalleistungsdichte vorhanden ist. Diese Leistungsdichte läßt sich in Mikrowatt je cm² (μW/cm²) oder in Watt je cm² angeben. Sie wird vielfach »Schallstärke« genannt.

3. Der Schalldruck.

Leider benutzt man neben der Schalleistungsdichte, die allein völlig genügen würde, heute noch vielfach den Begriff des Schalldruckes. Hierfür gilt folgendes:

Der Schalldruck, der an einer bestimmten Stelle eines Raumes herrscht, ist gleich dem höchsten Augenblickswert der dort auftretenden Abweichungen vom Druck der ruhenden Luft.

Das Maß für diesen Schalldruck ist das Mikrobar (abgekürzt μb). Ein Mikrobar bedeutet dasselbe wie ein Dyn je cm², was rund einem Milligramm je cm² gleichkommt.

Früher verstand man — im Gegensatz hierzu — unter Schalldruck vielfach das, was heute »Schallstrahlungsdruck« heißt. Der Schallstrahlungsdruck ist ein in der Fortpflanzungsrichtung des Schalles entstehender Druck, dem die Druckschwankungen überlagert sind. Dieser Druck ist wesentlich geringer als der oben erläuterte Schalldruck.

4. Ton und Klang, Geräusch und Knall sind Sonderarten des Schalles.

Der Ton weist — physikalisch aufgefaßt — nur Schallwellen einer einzigen Frequenz auf. Seine Schallwellen können also nicht in mehrere Schallwellen mit verschiedenen Frequenzen zerlegt werden. Die Bezeichnung »reiner Ton« soll das noch besonders unterstreichen. Man spricht nämlich ganz allgemein auch bei solchen Schallarten von Tönen, bei denen ein einzelner Ton — und zwar meist der tiefste — besonders stark hervortritt.

Der Klang setzt sich aus Tönen verschiedener Höhe zusammen. Dabei unterscheidet man den Grundton, die Obertöne und als besondere Obertöne gelegentlich noch die Formanten. Der Grundton, der bei Musikinstrumenten meist weitaus im Vordergrund steht, bestimmt die Tonhöhe. Die Obertöne, deren Frequenzen ganzzahlige Vielfache der Grundtonfrequenz betragen, geben dem Ton die Klangfarbe. Obertöne, deren Frequenzen ziemlich unabhängig von der Höhe des Grundtones sind, heißen »Formanten« und spielen vor allem bei der Sprache eine ausschlaggebende Rolle. Sie kennzeichnen die verschiedenen Laute. Obertöne und Formanten können — wie z. B. auch die Grundtöne der Musikinstrumente — entweder immer wieder ausklingen (Beispiel: die Grundtöne des Klaviers) oder ihre Werte beibehalten (Beispiel: die Grundtöne einer Flöte).

Das Geräusch ist eine zweite Abart des Schalles. Es enthält gegenüber dem Klang meist keinen ausgeprägten Grundton. Seine Einzeltöne stehen in keiner gesetzmäßigen Wechselbeziehung. Sie erstrecken sich über einen größeren Frequenzbereich, und zwar meist ziemlich weit nach oben. Die gesamte Schalleistung ist über diesen Frequenzbereich in der Regel weit gleichmäßiger verteilt als beim Klang. Der Wert der Lautstärke spielt für die Unterscheidung einzelner Geräusche eine weit größere Rolle als für die Unterscheidung einzelner Klänge.

Als besondere Art des Geräusches ist schließlich der Knall zu erwähnen, der sich aus rasch abklingenden Tönen zusammensetzt.

5. Die Klangfarbe ist wesentlich.

Klänge gleicher Höhe können ungleich klingen: Wird ein und derselbe Klang durch eine Flöte und durch eine Geige hervorgebracht, so ist ein deutlicher Unterschied zu merken. Wir sagen, die beiden Klänge haben verschiedene »Klangfarben«. Die Klangfarbe, die den Klang also besonders kennzeichnet, rührt daher, daß der Klang — wie schon bemerkt — außer dem Grundton noch Obertöne enthält. So ist z. B. jeder Geigen-Grundton von beträchtlichen Obertönen begleitet, während die Flöte nur schwache Obertöne hervorbringt. Reich an besonderen Obertönen — an Formanten — ist unsere Sprache. Das erklärt, daß wir

jeden Vokal in den verschiedensten Tonhöhen sprechen können und ihn dennoch mit Sicherheit als diesen erkennen.

Bei Schwächung der hohen Töne werden auch die Oberwellen zurückgedrängt, was eine dunkle Klangfarbe bewirkt. Helle Klangfarbe ergibt sich durch Schwächung der tiefen Töne.

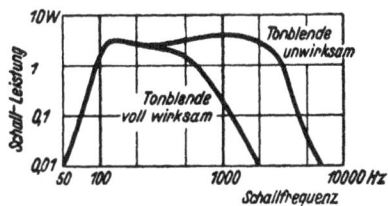

Bild A 1.*)

Schwächung der tiefen Töne ist — unter Beibehaltung der Gesamtlautstärke — gleichbedeutend mit Verstärkung der hohen Töne und demgemäß mit einem Herausheben der Obertöne und Formanten.

Man sollte meinen, die natürliche Klangfarbe sei besonders erwünscht. Die Erfahrung lehrt aber, daß für Musikwiedergabe heute noch vielfach eine dunkle Klangfarbe bevorzugt wird (Bild A 1). Dafür sind vorwiegend zwei Gründe maßgebend:

1. Prasseln, Krachen und Knattern — kurz alle Störgeräusche, die die Tonwiedergabe so unangenehm beeinträchtigen können — umfassen vorwiegend sehr hohe Frequenzen. Daher wird bei Einstellung einer dunklen Wiedergabe die Wiedergabe störungsfreier.
2. Für die Wiedergabe der tiefsten Töne fehlt es an genügender Schalleistung. Außerdem liegen die Resonanzfrequenzen der Laut-

*) Die voll wirksame Tonblende schwächt im oberen Teil des Schallfrequenzbereiches die wiedergegebenen Töne beträchtlich — ein Anzeichen für die Beliebtheit der dunklen Klangfarbe.

sprecher häufig noch zu hoch. Durch Betonung der tiefen Töne werden die Oberwellen der tiefsten, zu schwach wiedergegebenen Töne bevorzugt, was uns die tiefsten Töne vortäuscht.

Ein dritter Grund verliert mehr und mehr an Bedeutung:

3. Durch die Wandlungen, die die Töne bei der Übertragung durchmachen, entstehen zusätzliche Oberwellen, die ursprünglich nicht vorhanden sind. Durch Einstellen einer dunklen Klangfarbe werden diese störenden Oberwellen geschwächt, was die Wiedergabe angenehmer gestaltet.

Für Sprachwiedergabe hingegen ist nicht selten ein Aufhellen der Klangfarbe günstig, was in Rundfunkgeräten durch den »Sprechschalter« geschehen kann (siehe unten). Die vorteilhafte Wirkung der helleren Klangfarbe ergibt sich aus folgendem:

1. Für die Verständlichkeit der Sprache sind die tiefen Töne unterhalb 300 Hertz ziemlich belanglos.
2. Die Konsonanten, die die Sprache klar machen, setzen sich im wesentlichen aus hohen Tönen zusammen.
3. Tiefe Töne hallen meist besonders stark nach, wodurch die jeweils nachfolgenden Silben teilweise verdeckt werden.

6. Notwendiger Frequenzbereich.

Aus den Betrachtungen über die willkürliche Einstellung der Klangfarbe folgt, daß es nicht unbedingt nötig ist, den gesamten Frequenzbereich gleichmäßig wiederzugeben.

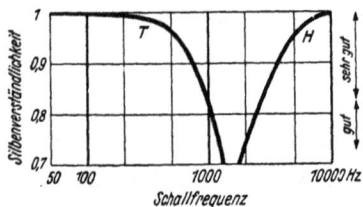

Bild A 2.*)

Auf die ganz tiefen Frequenzen (etwa unter 100 Hz) können wir bei der Wiedergabe verhältnismäßig leicht verzichten (für Sprache siehe Bild A 2, Kennlinie T). Das hängt mit den Oberwellen zusammen: Wenn wir von einem tiefen Ton nur die ihn kennzeichnenden Oberwellen hören, fügen wir unbewußt den Grundton hinzu und vermeinen, den tiefen Ton selbst zu empfinden. Aus diesem Grunde merken wir kaum, daß ein Rundfunkempfänger uns die unter 100 oder gar die unter 200 Hertz liegenden Töne unterschlägt. Aus dem gleichen Grund

*) Die Kennlinie T gilt für die untere und die Kennlinie H für die obere Grenze des Übertragungs-Frequenzbereiches. Beispiel für die Kennlinie T: Beim Abschneiden aller Töne mit Frequenzen unter 1000 Hz beträgt die Verständlichkeit noch etwas mehr als 80%. Beispiel für die Kennlinie H: Beim Abschneiden aller Töne mit Frequenzen über 5000 Hz beträgt die Verständlichkeit noch rd. 95%. Mit einem Frequenzbereich von 1000 bis 5000 Hz ergibt sich somit eine Verständlichkeit von etwa $0,8 \times 0,95 = 0,76$ oder 76%.

ist die Verständlichkeit der Sprache noch gut, wenn die Töne aller Frequenzen unter 800 Hertz nicht wiedergegeben werden.

Unsere Bescheidenheit bezüglich der oberen Tonfrequenzen (Bild A 2, Kennlinie *H*) erklärt sich gerade umgekehrt: Bei den hohen Tönen spielen die Oberwellen nicht die große Rolle, die ihnen bei den tiefen Tönen zufällt. Hier stehen die Grundtöne im Vordergrund. Sie reichen im großen und ganzen aber nur bis etwa 6000 Hertz hinauf. (Der Bereich von 6000 bis 20000 Hertz enthält vorwiegend Obertöne.) Demnach empfinden wir eine Wiedergabe, bei der die über 6000 Hertz liegenden Frequenzen fehlen, noch als zufriedenstellend und beklagen uns nicht einmal sehr, wenn die Grenze bis auf 4500 Hertz heruntergesetzt wird, was bei Fernempfang und Schallplattenwiedergabe heute noch meist der Fall ist.

7. Frequenzabhängigkeit und Frequenzkennlinie.

Jede Übertragungsanlage soll den gesamten Tonfrequenzbereich möglichst gleichmäßig übertragen. Die Frequenzabhängigkeit der Übertragung muß demnach gering gehalten werden.

Um den Grad der Frequenzabhängigkeit zu veranschaulichen, entwirft man von Teilen der Übertragungsanlage oder auch von der Gesamtanlage Frequenzkennlinien, in denen das Verhältnis der Ausgangsspannung oder der Ausgangsschalleistung zu der Eingangsspannung abhängig von der Frequenz aufgetragen wird. Die so erhaltenen Kennlinien sollen zügig verlaufen. Starke Schwankungen in dem Kennlinienverlauf und vor allem schroffe Übergänge von großen auf geringe Werte oder umgekehrt deuten immer irgendwelche unerwünschten Resonanzlagen an. Lediglich am Anfang und Ende des Wiedergabebereiches sind schroffer Anstieg und Abfall meist erwünscht. Im übrigen ist es häufig ein günstiges Zeichen, wenn die Frequenzkennlinie einigermaßen waagrecht verläuft.

In Anlagen, deren Teile ungünstige Frequenzkennlinien haben, läßt man die Frequenzkennlinie eines oder mehrerer Anlageteile vom geraden Verlauf abweichen, um so eine günstige Gesamtkennlinie zu erhalten. Da z. B. viele Lautsprecher die ganz hohen und ganz tiefen Töne schwächer wiedergeben als die mittleren Töne, sorgt man mitunter dafür, daß die Frequenzkennlinien der Verstärker an den Grenzen des Übertragungsbereiches ansteigen und erst jenseits dieser Grenzen stark abfallen. Hieraus folgt, daß Einzelkennlinien von Verstärkern oder Lautsprechern für sich genommen nicht sehr viel erkennen lassen.

Von Anlagen, die frequenzabhängig arbeiten, sagt man, sie weisen »lineare Verzerrungen« auf. Manchmal wird der Sinn der Bezeichnung »lineare Verzerrung« auch enger gefaßt, wobei man darunter nur versteht, daß die Wiedergabe einseitig abfällt, daß sie also mit zunehmender oder mit abnehmender Frequenz schwächer wird. Ein allgemein gültiges

Maß für die lineare Verzerrung besteht nicht. Mitunter gibt man die lineare Verzerrung in »Dezibel« als Abweichung von dem gewünschten Kennlinienverlauf an (wegen Dezibel s. S. 13).

8. Klirrverzerrungen und Klirrgrad.

Neben einer Beeinflussung des Frequenzganges, die man vielfach als lineare Verzerrung bezeichnet, tritt bei der Tonwiedergabe auch eine Klirrverzerrung auf. Diese besteht darin, daß in der Übertragungseinrichtung zu den Tönen, die übertragen werden sollen, andere Töne hinzukommen, die mit den übertragenen Tönen wohl in Zusammenhang stehen, in ihnen aber ursprünglich nicht enthalten sind. Diese zusätzlichen Töne werden vor allem aus den Oberwellen und daneben auch aus den Differenztönen der übertragenen Töne gebildet. Die Klirrverzerrungen entstehen vorwiegend in der Verstärker-Endstufe.

Als Maß für die Klirrverzerrung dient der Klirrgrad, der gelegentlich auch »Klirrfaktor« genannt wird. Dieser Klirrgrad gründet sich darauf, daß man die Anordnung mit einem reinen Ton oder einer zeitlich sinusförmig verlaufenden Spannung steuert. Man gibt dabei als Klirrgrad den Wert der Oberwellen der Ausgangsspannung als Bruchteil oder in $^0/_0$ des Grundwellenwertes der Ausgangsspannung an. 15% Klirrgrad heißt demzufolge, daß die zusätzlich in der Anlage entstehenden Oberwellen insgesamt gleich dem 0,15fachen der übertragenen Grundwelle sind.

Die Bezeichnung »Klirrgrad« rührt daher, daß bei starken Klirrverzerrungen tatsächlich ein Klirren hörbar wird. Früher, als man noch magnetische Lautsprecher benutzte, in denen sich eine Eisenzunge zwischen zwei Magnetpolen bewegt, kam es vor, daß diese Zunge an den Polen anschlug. Die hierbei auftretenden Klirrverzerrungen waren deutlich als Klirren hörbar.

Von den bei Klirrverzerrung entstehenden Oberwellen spielen für den Klirrgrad fast stets nur die zweite und dritte Oberwelle eine Rolle. (Die Frequenz der zweiten Oberwelle liegt doppelt so hoch und die Frequenz der dritten Oberwelle dreimal so hoch wie die der zugehörigen Grundwelle.) Der Gesamtwert (a_g) einer zweiten und einer dritten Oberwelle hängt mit den Werten (a_2 und a_3) der Einzelwellen so zusammen:

$$a_g = \sqrt{a_2{}^2 + a_3{}^2}.$$

Daraus folgt, daß von den beiden Oberwellen meist nur eine einzige, und zwar die größere, für den Klirrgrad maßgebend ist. In einfachen Endstufen mit Fünfpolröhren spielt die dritte Oberwelle die Hauptrolle. In sämtlichen Gegentaktstufen kommt **nur** die dritte Oberwelle in Betracht. Wir haben es daher in Verstärkeranlagen vorwiegend mit der dritten Oberwelle zu tun.

Wenn auch die Durchschnitts- oder die Höchstwerte des Klirr-grades allgemein als Maße für die Klirrverzerrung dienen, geben diese Werte doch keine zuverlässigen Anhaltspunkte für die praktische Aus-wirkung der Klirrverzerrung. Um das zu begreifen, brauchen wir nur an die alten Lautsprecher mit der zwischen zwei Polen schwingenden Eisenzunge zurückzudenken. Man kann bei diesem Lautsprecher das bei Übersteuerung auftretende Klirren dadurch abdämpfen und so weniger unangenehm machen, daß man an den Polen Gummi- oder Lederpuffer anbringt. In diesem Fall wird die Verzerrung, gemessen am Klirrgrad, durch die weitere Beschränkung des Bewegungsbereiches der Zunge noch erhöht. Sie klingt aber weniger unangenehm als vorher. Daraus folgt: Die Verzerrung macht sich um so unangenehmer geltend, je schärfer sie einsetzt. Wir müßten demnach neben dem Wert des Klirrgrades seine Einsatzschärfe beachten. Da aber auch vor Eintritt der eigent-lichen Übersteuerung stets ein gewisser Klirrgrad vorhanden ist, handelt es sich — genau genommen — nicht nur um die Schärfe des Klirrgrad-einsatzes, sondern um alle Klirrgrad-Änderungen, die sich abhängig von der Aussteuerung ergeben: Die Klirrverzerrungen sind um so unan-genehmer, je schroffer sich der Klirrgrad abhängig von der Aussteuerung ändert. Daneben ist natürlich der Durchschnittswert des Klirrgrades von Bedeutung.

9. Klirrgradkennlinien.

Da der Klirrgrad als einzelne Zahl kein genaues Maß für die Ver-zerrung bedeutet, trägt man seinen Wert vielfach abhängig von der Aus-steuerung oder auch abhängig von der ausgesteuerten Leistung auf. Der Verlauf der so erhaltenen Klirrgradkennlinien läßt eine wesentlich bessere Beurteilung der Klirrverzerrungen zu als die Angabe eines einzigen Zahlenwertes.

Zusammenfassung:

1. Der Frequenzbereich der hörbaren Töne erstreckt sich ungefähr von 16 bis 10000 Hertz.
2. Jeder Klang hat eine ihm eigene, durch Obertöne erzeugte Klangfarbe.
3. Der unbedingt wiederzugebende Frequenzbereich reicht für Sprache von 300 bis 2500 Hertz und für Musik von 100 bis 4500 Hertz.
4. Bei höheren Anforderungen an die Klanggüte ist eine möglichst gleichmäßige Übertragung über den gesamten Tonfrequenzbereich (und außerdem ein geringer Klirrgrad) anzustreben.
5. Die elektrische Schallübertragung geschieht im allgemeinen frequenz-abhängig, was durch Frequenzkennlinien veranschaulicht wird.
6. Bei der elektrischen Schallübertragung treten Klirrverzerrungen auf. Das heißt: Es bilden sich dabei zusätzliche Töne. Als un-gefähres Maß der Klirrverzerrungen dient der Klirrgrad. Bessere Anhaltspunkte geben Klirrgradkennlinien.

B. Schall und Gehör.

1. Das Hörempfinden.

Die auf S. 1 gemachte Angabe, unser Hörempfinden reiche von 16 bis 20000 Hertz, ist ungenau. Sie läßt nämlich die für die Grenzen unseres Hörempfindens wichtige Schalleistungsdichte (s. unten) unberücksichtigt. Nimmt die Schalleistungsdichte eines Tones mehr und mehr ab, so hören wir ihn schließlich nicht mehr. Wird anderseits die Schalleistungsdichte immer größer, so geht das Hörempfinden schließlich in ein Schmerzgefühl über, das uns zwingt, die Ohren zuzuhalten.

Damit wir irgendeinen Ton hören, muß seine Schalleistungsdichte in gegebenen Grenzen liegen. Diese Grenzen sind stark frequenzabhängig, was man am besten durch ein Kennlinienbild veranschaulicht.

2. Schalleistung und Lautstärke.

Die Endstufe des Rundfunkgerätes oder des Verstärkers betreibt den angeschlossenen Lautsprecher dadurch, daß sie elektrische Leistung an ihn abgibt. Ein großer Teil dieser Leistung geht im Lautsprecher verloren, während ein kleiner Teil davon durch den Lautsprecher in Schalleistung verwandelt wird. Da die Schalleistung hierbei umgeformte elektrische Leistung darstellt, können wir sie natürlich auch in Watt oder — ihrer Kleinheit wegen — in Mikrowatt ($= 10^{-6}$ Watt) oder sogar in Picowatt ($= 10^{-12}$ Watt) angeben.

Die vom Lautsprecher abgegebene Schalleistung erfüllt den ganzen Raum, in dem die Wiedergabe stattfindet. Wir nehmen aber nicht die gesamte Schalleistung wahr, sondern nur den Teil, der unsere Ohren trifft. Demgemäß hat für das Gehör nicht die Schalleistung selbst, sondern die auf eine bestimmte Fläche — z. B. auf einen Quadratzentimeter — auftreffende Schalleistung Bedeutung. Diese Schalleistung je Flächeneinheit bezeichnet man sinngemäß als »Schalleistungsdichte« und gibt sie z. B. in Picowatt je Quadratzentimeter (pW/cm²) an. Die Schalleistungsdichte können wir mit Meßgeräten bestimmen.

Für die Lautstärke, die wir mit unseren Ohren empfinden, ist die Schalleistungsdichte kein brauchbares Maß. Das erkennen wir sehr einfach aus folgender Überlegung: Es ist möglich, die Luft mit einer Frequenz von 10 Hertz zu erschüttern. Dieser Erschütterung entspricht eine gewisse Zahl von Mikrowatt je Quadratzentimeter. Da wir — wie eingangs bemerkt — Frequenzen unter 16 Hertz nicht hören können, ist dieser in Mikrowatt je Quadratzentimeter meßbare »Ton« für unser Empfinden nicht vorhanden.

Als Maß unseres Lautstärkeempfindens hat man deshalb das »Phon« eingeführt. Das Phonmaß gründet sich auf folgende drei Punkte:

1. Als Ausgangspunkt dient die eben noch hörbare Lautstärke eines Tones von 1000 Hertz (Null Phon; zugehörige Schalleistungsdichte nach neuer Festlegung 10^{-16} W/cm², früher $2{,}5 \cdot 10^{-16}$ W/cm² oder auch $2{,}6 \cdot 10^{-16}$ W/cm², s. a. S. 15).
2. Da unser Lautstärkeempfinden stark frequenzabhängig ist, vergleicht man die Lautstärken aller Töne mit den Lautstärken eines Tones von 1000 Hertz.
3. Das Phonmaß paßt sich der Tatsache an, daß wir die Steigerung der Schalleistungsdichte von z. B. 10 Picowatt je cm² auf 100 Picowatt je cm² ungefähr ebenso empfinden wie eine Steigerung der Schalleistungsdichte von z. B. 100 Picowatt je cm² auf 1000 Picowatt je cm².

Als Beispiel werden hier einige Lautstärkewerte (neues Phonmaß) für verschiedene im täglichen Leben vorkommende Geräusche genannt:

Mindestgeräusch im Freien (ruhiger Park) . 15 bis 20 Phon
Flüstern . . . . 20 » 30 »
Ticken der Uhren . . . . 20 » 40 »
Geräusche in Wohnräumen . . . . 20 » 40 »
Geräusche in Büros . . . . 40 » 60 »
Großes Orchester. . . . . 30 » 90 »
Gespräch . . . . 50 » 60 »
Gaststätte, Rundfunkwiedergabe, Straßenlärm 40 » 80 »
Rufen . . . . 70 » 80 »
Kraftrad, Lastwagen . . . . 70 » 100 »
Flugzeugkabine . . . . 80 » 110 »
Kesselschmiede. . . . . .110 » 120 »

3. Die Grenzlinien und die Hörfläche.

Bild B 1 zeigt — abhängig von der Frequenz — zwei Grenzlinien. Die obere Grenzlinie stellt die Schmerzgrenze dar, an der für die einzelnen Töne das Hörempfinden in ein Schmerzgefühl übergeht. Die untere Grenzlinie deutet die Hörschwelle — die Hörgrenze — an, an der man die Töne gerade zu hören vermag.

Für das Hörempfinden kommt somit die gesamte von diesen beiden Grenzlinien eingeschlossene »Hörfläche« in Betracht. Die Hörfläche hat gemäß vielen (aber nicht allen) Untersuchungen zu beiden Seiten je eine Spitze (siehe Bild B 2). Solche Spitzen bedeuten, daß die Frequenzen 16 und 20000 Hertz nur bei ganz bestimmten Schalleistungsdichten wahrgenommen werden können. Die senkrechte Ausdehnung der Hörfläche erreicht für etwa 1500 Hertz ihren Höchstwert. Das bedeutet, daß für uns im Bereich von etwa 1500 Hertz einerseits sehr kleine Schalleistungsdichten wahrnehmbar und anderseits auch größere Leistungsdichten noch nicht schmerzhaft sind.

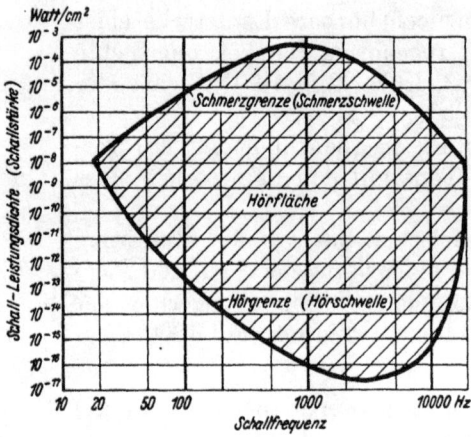

Bild B 1.*)

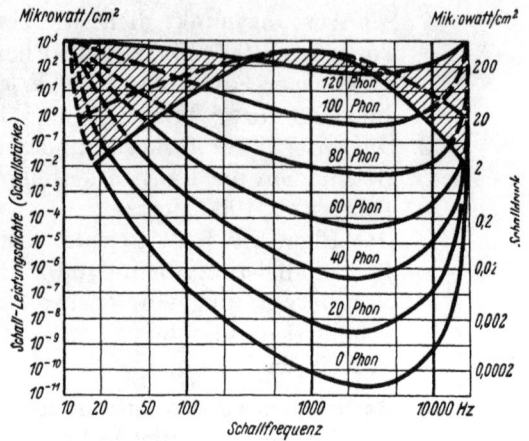

Bild B 2.**)

4. Die Hörkennlinien.

Die Hörfläche ist in Bild B 2 durch mehrere weitere Kennlinien in einzelne Streifen aufgeteilt. Diese Kennlinien, die die einzelnen Streifen voneinander trennen, heißen »Hörkennlinien«. Alle Punkte einer solchen Kennlinie entsprechen einem gleichen Lautstärkeempfinden. In diesem Sinn ist auch die untere Grenzlinie eine Hörkennlinie, da jedem ihrer Punkte die untere Grenze des Lautstärkeempfindens entspricht.

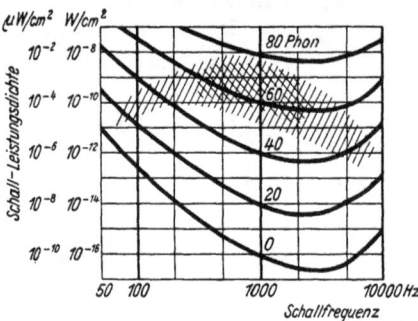

Bild B 3.***)

Die zu den einzelnen Hörkennlinien eingetragenen Zahlenwerte, deren Maßeinheit — wie oben schon bemerkt — mit Phon bezeichnet wird, drücken das zugehörige Lautstärkeempfinden aus. Erstaunlich an den Kennlinien ist deren — vor allem für geringe Lautstärken —starke Durchbiegung. So zeigt beispielsweise die Kurve, die zu 20 Phon gehört, daß wir etwa für einen Ton mit 20 Hertz

*) Der Verlauf der Grenzlinien ist vereinfacht. Die obere Grenzlinie wird auch anders angegeben (s. Bild B 2).

**) Durch Linien gleicher Lautstärke unterteilte Hörfläche mit drei verschiedenen oberen Grenzlinien. (Die eine der drei Grenzlinien ist durch die Linie für 120 Phon gegeben.)

***) Der von rechts oben nach links unten schraffierte Teil gilt für musikalische Darbietungen, der zusätzlich von links oben nach rechts unten schraffierte Teil für Sprachübertragung.

ungefähr 100 000 000 mal so viel Leistung benötigen wie für einen für uns gleich laut erscheinenden Ton mit 1000 Hertz.

Bild B 3 läßt die wesentlichsten Teile der Hörfläche erkennen.

5. Hörempfinden und Lautstärkeregler.

Der einfachste der üblichen Lautstärkeregler besteht in einem regelbar abzugreifenden Widerstand. Die Regelung der abgegriffenen Spannung geschieht durch einen drehbaren Kontaktarm, der mit Hilfe eines Drehknopfes betätigt wird.

Wir nehmen die Regelung vor, indem wir die den Tönen entsprechende Spannung regelbar abgreifen (Bild B 4 unten). Für unser

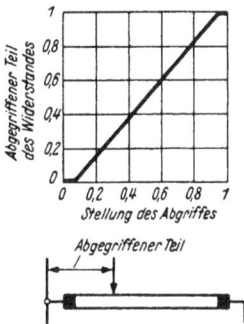

Bild B 4.*)

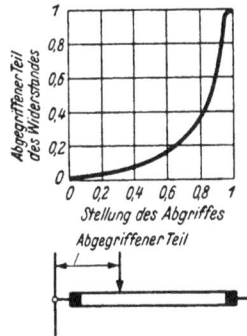

Bild B 5.**)

Hörempfinden ist aber nicht diese Spannung, sondern die ihr entsprechende Leistung maßgebend. Demgemäß haben wir bei der Festlegung des Regelbereiches auf den Zusammenhang zwischen Spannung und Leistung zu achten:

Da die Leistung = Strom × Spannung ist und zu halber Spannung auch halber Strom gehört, erreichen wir den vierten Teil der Leistung dadurch, daß wir die halbe Spannung einstellen.

Die Linien gleicher Lautstärke zeigen uns in Bild B 2, daß für einen Frequenzbereich von etwa 100 bis 10 000 Hertz die Schalleistung bei völliger Ausregelung von einem Millionstel bis auf etwa 100 — d. h. von 1 bis auf 100 000 000 — zu ändern ist. Dieser Leistungsänderung entspricht eine Spannungsänderung im Verhältnis 1:10 000, da 10 000 × 10 000 gleich 100 000 000 ist.

Im Handel sind zweierlei Arten von Regelwiderständen zu haben: »lineare« (»arithmetische«) und »logarithmische«. »Linear« heißt, daß mit jeweils gleichem Drehwinkel auch immer dieselbe Änderung des abgegriffenen Widerstandes erreicht wird (Bild B 4). So gehört bei einem

*) Linearer Widerstand mit zugehöriger Regelkennlinie.
**) Logarithmischer Widerstand mit zugehöriger Regelkennlinie.

linearen Widerstand von 200000 Ohm zu jedem Viertel der möglichen Drehung eine Änderung des abgegriffenen Widerstandes um 200000:4 = 50000 Ohm. »Logarithmisch« bedeutet, daß mit jeweils gleichem Drehwinkel immer dasselbe Vielfache des jeweiligen Anfangswertes erreicht wird (Bild B 5). So gehört bei einem logarithmischen Widerstand, der einen Gesamtwert von ebenfalls 200000 Ohm hat, zu jedem Viertel der gesamten Umdrehung z. B. die Änderung des Widerstandes im Verhältnis 1:10: Beträgt der geringste abgreifbare Widerstand 20 Ohm, so erhalten wir am Ende des ersten Viertels $10 \times 20 = 200$ Ohm, am Ende des zweiten Viertels $10 \times 200 = 2000$ Ohm, am Ende des dritten Viertels $10 \times 2000 = 20000$ Ohm und ganz am Ende $10 \times 20000 = 200000$ Ohm.

Die Lautstärkeregler sind fast stets mit logarithmischen Widerständen ausgeführt, da das Ohr den Schall logarithmisch empfindet (s. S. 9). Bei einer stufenweisen logarithmischen Regelung mit vier Regelstufen beträgt für einen Gesamtregelbereich von 1:10000 der zu einer jeden Stufe gehörige Bruchteil 1:10. Die Schwächung der Lautstärke erfolgt in der ersten Stufe auf $^1/_{10}$, in der zweiten Stufe auf $^1/_{100}$, in der dritten auf $^1/_{1000}$ und in der vierten auf $^1/_{10\,000}$.

6. Die grundsätzliche Frequenzabhängigkeit der Lautstärkeregelung.

Wir nehmen an, ein Verstärker sei für 60 Phon auf beste Klangtreue abgeglichen. Dem entspricht — gemäß Bild B 2 — für jede Frequenz eine bestimmte Schalleistungsdichte. So gehören zu rund 70 Hertz etwa $^1/_{10}$ Mikrowatt je cm², zu rund 270 Hertz etwa $^1/_{1000}$ Mikrowatt je cm² usw.

Wenn wir den auf 60 Phon abgeglichenen Verstärker mit einem gewöhnlichen Lautstärkeregler auf größere oder geringere Lautstärke einstellen, bedeutet das eine gleichmäßige Änderung der Schalleistung über den gesamten Frequenzbereich. Dazu ein Beispiel: Die Schalleistung soll beispielsweise so weit herabgesetzt werden, daß wir bei 1000 Hertz an Stelle der Lautstärke von 60 Phon eine solche von 40 Phon erhalten. Dem entspricht eine Leistungsverminderung auf $^1/_{100}$ ihres ursprünglichen Wertes. Diese Leistungsverminderung wirkt sich nicht für alle Frequenzen in einer gleichempfundenen Lautstärke-Abnahme aus: Wir erhalten hierbei z. B. für 50 Hertz ein Absinken der Lautstärke auf 32 Phon statt auf 40 Phon.

Bild B 6 gibt einen genaueren Überblick über diese Zusammenhänge. In ihr sind — abhängig von den Frequenzen — die Lautstärken aufgetragen. Der Wert der Ausgangslautstärke ist — wie in dem eben behandelten Beispiel — mit 60 Phon angenommen. Die Schalleistungsdichten sind so gewählt, daß sich diese Lautstärke von 60 Phon für alle Frequenzen ergibt (waagerechte Kennlinie). Die darunter liegende Kennlinie zeigt, wie bei Senken der Lautstärke für 1000 Hertz auf

40 Phon die sehr hohen Töne und vor allem die tiefen Töne mehr geschwächt werden. So hat z. B. ein Ton von 50 Hertz nur eine Lautstärke von etwa 32 Phon. Die unterste
und oberste Kurve zeigen Entsprechen-
des für eine Verminderung der Leistung auf das 0,0001 fache — d. h. auf
$^1/_{10\,000}$ — und für eine Erhöhung der
Leistung auf das 100 fache.

Wir entnehmen aus Bild B 6, daß
bei einer Leistungsverminderung die
hohen und vor allem die tiefen Töne in
ihrer Lautstärke beeinträchtigt werden,
während sie uns bei einer Leistungserhöhung besonders laut erscheinen.

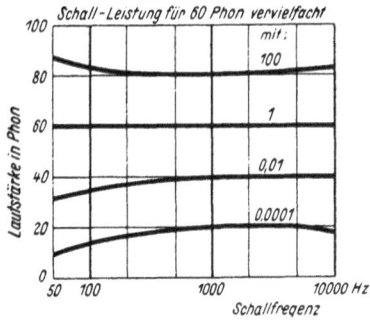

Bild B 6.*)

7. Dezibel.

Dieser und die folgenden Teile des Hauptabschnittes B können ohne
Schaden zunächst überschlagen werden. Der Architekt kommt überhaupt ohne sie aus. Der Elektroakustiker arbeitet sie am besten erst
durch, wenn er gelegentlich einmal mit den darin enthaltenen Begriffen
und Werten zu tun bekommt.

Das Maß Dezibel (abgekürzt db) leitet sich von dem Maß Bel (abgekürzt b) ab. Beide Maße betreffen Leistungsverhältnisse. Ein
Leistungsverhältnis beträgt N Bel, wenn folgende Beziehung besteht:

$$\frac{\text{Leistung 2}}{\text{Leistung 1}} = 10^x \text{ oder lg} \frac{\text{Leistung 2}}{\text{Leistung 1}} = N.$$

Also z. B.:

Bel	0	1	2	3	4	5	6
Leistungsverhältnis . .	1	10	100	1000	10000	100000	1 000 000

Für ein Leistungsverhältnis von n Dezibel hingegen gilt:

$$\frac{\text{Leistung 2}}{\text{Leistung 1}} = 10^{\frac{n}{10}} \text{ oder } 10 \lg \frac{\text{Leistung 2}}{\text{Leistung 1}} = n.$$

Damit wird (vgl. a. Bild B 7):

Dezibel	0	1	2	3	4	5	6	7	8	9	10
Leistungsverhältnis. .	1	1,26	1,6	2	2,5	3,2	4	5	6,3	7,9	10

---

*) Frequenzabhängigkeit der Wiedergabelautstärke im Zusammenhang mit der
eingestellten Lautstärke.

Beispiel: Welches Leistungsverhältnis gehört zu 34 Dezibel? Der ersten Zahlentafel gemäß entsprechen 3 Bel oder 30 Dezibel einem Leistungsverhältnis von 1000:1. Aus der zweiten Zahlentafel entnehmen wir, daß 4 Dezibel ein Leistungsverhältnis von 2,5:1 bedeutet. Da die Dezibel-Zahlen Logarithmen sind, und 30 + 4 = 34 ist, müssen wir die zugehörigen Leistungsverhältnisse miteinander vervielfachen. Zu 54 Dezibel gehört somit das Leistungsverhältnis 1000 × 2,5:1 = **2500:1**.

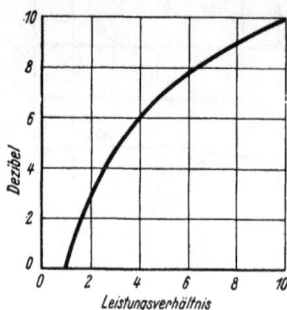

Bild B 7.

Beispiel: Welches Leistungsverhältnis gehört zu 57 Dezibel? 50 Dezibel oder 5 Bel bedeuten 100000:1 und 7 Dezibel 5:1. Das Leistungsverhältnis beträgt daher 100000 × 5:1 = **500000:1**.

Gelten für die beiden Leistungen gleiche Bedingungen (d. h. z. B. bei elektrischen Leistungen gleiche Widerstände), so erhalten wir für das Verhältnis der beiden Spannungen oder Ströme oder auch der beiden Schalldrücke oder Geschwindigkeiten die Hälfte der zu dem Leistungsverhältnis gehörigen Dezibel.

Beispiel: Gegeben 2 Mikrobar Schalldruck für 10000 Picowatt/cm² Schalleistungsdichte. Welchen Wert hat der Schalldruck für eine um 24 Dezibel höhere Leistung? Zum Schalldruckverhältnis gehören 24:2 = 12 Dezibel. Das gibt 10 × 1,6 = 16 fachen Schalldruck und somit 16 × 2 = **32** Mikrobar.

8. Der zahlenmäßige Zusammenhang zwischen Schalleistungsdichte und Schalldruck.

Wie schon bemerkt, dient als Einheit des Lautstärkeempfindens das Phon, während die Schalleistungsdichte (mitunter auch »Schallstärke« genannt) z. B. in Watt je cm² gemessen wird. Die Schalleistungsdichte steht mit dem Schalldruck in folgendem Zusammenhang:

$$\text{Schalleistungsdichte in Mikrowatt je cm}^2 = \frac{(\text{Schalldruck in Mikrobar})^2}{400}.$$

Beispiel: Zu 1 Mikrobar Schalldruck gehören somit 1:400 = **0,0025** Mikrowatt/cm² und zu 2 Mikrobar 2²:400 = **0,01** Mikrowatt/cm².

Man kann diese Beziehung auch so umwandeln, daß sich mit ihr der Schalldruck aus der Schalleistung berechnen läßt:

$$\text{Schalldruck in Mikrobar} = 20 \times \sqrt{\text{Schalleistungsdichte in Mikrowatt je cm}^2}.$$

Beispiel: Zu einer Schalleistung von 4 Mikrowatt je cm² gehört ein Schalldruck von 20 × √4 = 20 × 2 = **40** Mikrobar.

9. Altes und neues Phon.

Früher wählte man bei uns als Ausgangspunkt (0 Phon) zu 1000 Hertz eine Schalleistungsdichte von $2,5 \cdot 10^{-16}$ W/cm², worauf also die früher bei uns aufgestellten Phonangaben beruhen. In Amerika hingegen gab man die Lautstärke zu ebenfalls 1000 Hertz statt in Phon in Dezibel oberhalb der Schalleistungsdichte $1 \cdot 10^{-16}$ W/cm² an.

Seit 1937 wird das Phonmaß allgemein verwendet, wobei aber der in Amerika übliche Ausgangswert von $1 \cdot 10^{-16}$ W/cm² als Grundlage dient. Dieses neue Phonmaß ist in dem vorliegenden Buch benutzt. Den Zusammenhang mit dem alten Phonmaß gibt folgende Zahlentafel, die für 1000 Hertz gilt:

Phon neu	Phon alt	Schalleistungsdichte (Schallstärke)	Schalldruck
Dezibel oberhalb 10^{-16} W/cm²	Dezibel oberhalb $2,5 \cdot 10^{-16}$ W/cm²	pW/cm²	Mikrobar = Dyn/cm²
0		0,0001	0,0002
4	0	0,00025	0,00032
10	6	0,001	0,00063
14	10	0,0025	0,001
20	16	0,01	0,002
24	20	0,025	0,0032
30	26	0,1	0,0063
34	30	0,25	0,01
40	36	1	0,02
44	40	2,5	0,032
50	46	10	0,063
54	50	25	0,1
60	56	100	0,2
64	60	250	0,32
70	66	1 000	0,63
74	70	2 500	1
80	76	10 000	2
84	80	25 000	3,2
90	86	100 000	6,3
94	90	250 000	10
100	96	1 000 000	20
104	100	2 500 000	32
110	106	10 000 000	62
114	110	25 000 000	100
120	116	100 000 000	200
124	120	250 000 000	320
130	126	1 mW/cm²	630
134	130	2,5 mW/cm²	1000

10. Zusammenwirken mehrerer Schallquellen.

Beim Rechnen mit Phon muß man den Zusammenhang mit der Leistungsdichte stets beachten. Andernfalls kommt man leicht zu ganz falschen Ergebnissen.

So könnte man z. B. meinen, zwei Anlagen, von denen jede einzelne eine Lautstärke von 80 Phon erzeugt, dürften mit Rücksicht auf unser Gehör überhaupt nicht gemeinsam betrieben werden. Wir entnehmen aus der vorletzten Spalte der vorstehenden Zahlentafel, daß jede der beiden Anlagen eine Schalleistungsdichte von 10000 Picowatt je cm² bewirkt. Das gibt insgesamt $2 \times 10000 = 20000$ Picowatt je cm². Der gemeinsame Betrieb der beiden Anlagen ergibt somit eine Lautstärke, die wohl über 80 Phon liegt, aber 90 Phon bei weitem nicht erreicht. Allgemein gilt für das Zusammenwirken gleicher Schallquellen:

Zahl der Schallquellen, die gemeinsam auf denselben Raum wirken	Erhöhung der Lautstärke in Phon gegenüber der Lautstärke der einzelnen Schallquellen
2	3
3	4,8
4	6
5	7
6	7,8
7	8,5
8	9
9	9,5
10	10

Man könnte meinen, daß eine gemeinsame Besprechung einer größeren Fläche durch viele über diese Fläche verteilte Lautsprecher ein völliges Tondurcheinander zur Folge habe. Die Erfahrung lehrt, daß dies nicht zutrifft. Man hört stets nur den Lautsprecher, in dessen Nähe man sich befindet. Steht man genau zwischen zwei Lautsprechern, so kann man mitunter durch Neigen des Kopfes nach der einen oder anderen Richtung wahlweise den einen oder anderen Lautsprecher zu Gehör bekommen.

11. Nachhall und Anhall.

Für die Tonwiedergabe spielt der Nachhall eine besondere Rolle (s. S. 21 und S. 63). Der Nachhall besteht in einem allmählichen Abklingen der Töne. Ein Ton, dessen Erzeugung plötzlich abgebrochen wird, hallt noch einige Zeit nach. Der Raum hat nämlich einen Teil der Schalleistung in sich gespeichert und gibt diese Leistung als Nachhall wieder ab. Infolge einer solchen Leistungsaufname des Raumes braucht ein Ton, auch wenn er von Anfang an in voller Stärke erzeugt wird — als Gegenstück zum Nachhall — ebenfalls eine gewisse Zeit, bis er den ganzen Raum erfüllt und so in dem Raum voll zur Wirkung kommen kann.

Das heißt: Überall, wo ein Nachhall bemerkbar ist, muß ein entsprechender Anhall auftreten. Diese Feststellung scheint der Erfahrung zu widersprechen: Stets wird nur der Nachhall erwähnt, und wenn wir noch so sehr aufpassen, können wir von einem Anhall kaum etwas

merken. — Wie erklärt sich dieser Widerspruch? Wiederum hilft uns das Bild B 1, aus dem wir den in Bild B 8 gezeigten Zusammenhang ent-
nehmen: Nachhall und Anhall verlaufen in bezug auf die Schall-Leistungsdichte etwa gemäß der in Bild B 9 gezeigten Linie. Der Widerspruch klärt sich auf, wenn wir beachten, daß eine Erhöhung der Lautstärke von 0 auf 20 Phon ebenso empfunden wird wie eine weitere Steigerung der Lautstärke von 20 auf 40 Phon, während die zuge-hörige Leistungserhöhung das eine Mal von 1 auf 100 und das andere Mal von 100 auf 10 000 geht. Hier-

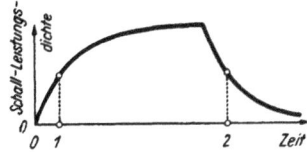

Bild B 9.**)

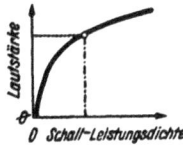

Bild B 8.*)

Bild B 10.***)

mit nämlich ergibt sich für unser Lautstärkeempfinden das, was in dem Bild B 10 veranschaulicht ist. Wir erkennen, daß der Anhall für unser Gehör nahezu verschwindet, d. h. daß wir die Schallwellen fast sofort mit ihrer vollen Endlautstärke empfinden, während uns der Nachhall sehr stark zu Bewußtsein kommt.

12. Silbenverständlichkeit und Satzverständlichkeit.

Die Güte einer Sprachübertragung wird vielfach in der Weise fest-gestellt, daß man schriftlich niedergelegte, zusammenhanglose Silben überträgt und diese Silben nach dem Gehör niederschreiben läßt. Man vergleicht die Nachschriften mit den durchgegebenen Silben und teilt die Zahl der richtig niedergeschriebenen Silben durch die Gesamtzahl der durchgegebenen Silben. Der so erhaltene Bruchteil ist das Maß für die Silbenverständlichkeit.

Die Silbenverständlichkeit ist ziemlich stark von der jeweils ein-gestellten Lautstärke abhängig. Hierfür wird die in Bild B 11 enthaltene, von Null ausgehende Kennlinie häufig als Grundlage gegeben. Diese Kennlinie setzt voraus, daß die Aufmerksamkeit der Hörer für jede ein-gestellte Lautstärke groß ist. Geringe Lautstärke verlangt aber eine erhöhte Aufmerksamkeit. Zu große Lautstärke erregt den Unwillen der Hörer, was die Aufmerksamkeit beeinträchtigt. · Da im allgemeinen weder die Aufmerksamkeit bei geringer Lautstärke entsprechend gesteigert noch der Unwille gegen zu hohe Lautstärke unterdrückt wird, gilt auch

---

*) Die Lautstärke O liegt weit unter der waagerechten Achse.
**) Der zeitliche Verlauf der Schall-Leistungsdichte bei Anhall und Nachhall.
***) Der aus Bild B 9 mit Bild B 8 gewonnene zeitliche Verlauf der Lautstärke. Die punktierten und strichpunktierten Linien deuten die Zusammenhänge an.

bei verzerrungsfreier Wiedergabe und fehlendem Störgeräusch statt der Kennlinie der in Bild B 11 schraffierte Bereich.

Die Silbenverständlichkeit ist ein sehr strenger Maßstab für die Beurteilung der Sprachwiedergabe. Man hat festgestellt, daß selbst bei geringer Silbenverständlichkeit immer noch eine erhebliche Satz-

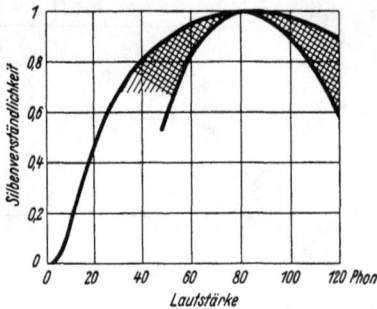

Bild B 11.

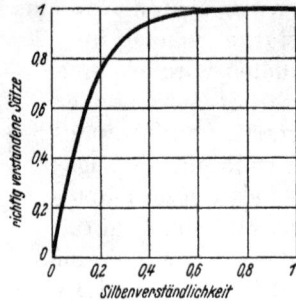

Bild B 12.

verständlichkeit vorhanden ist. Bild B 12 zeigt den Zusammenhang zwischen der Silbenverständlichkeit und der für die Sprachübertragung meist besonders wichtigen Satzverständlichkeit.

Die Satzverständlichkeit wird nachgeprüft, indem man vollständige Fragen stellt und die Antworten auf diese Fragen niederschreiben läßt. Hierbei wird die Zahl der richtig beantworteten Fragen als Bruchteil sämtlicher gestellter Fragen ausgedrückt.

Zusammenfassung:

1. Für unser Hörempfinden gibt es innerhalb der hörbaren Frequenzen zwei Grenzen: eine Hörgrenze, unter der wir keine Töne mehr wahrnehmen können, und eine Schmerzgrenze, über der die Töne als Schmerz empfunden werden.
2. Diese beiden Grenzen schließen die Hörfläche ein, die alles umfaßt, was wir mit dem Ohr wahrzunehmen vermögen.
3. Die Hörfläche läßt sich durch Linien gleicher Lautstärke in einzelne Streifen zerlegen. Der Verlauf dieser Hörkennlinien zeigt, daß die für eine bestimmte Lautstärke nötige Schalleistung sehr stark frequenzabhängig ist.
4. Für die »Schalleistungsdichte« (Schallstärke) verwendet man als Maß z. B. das Picowatt je Quadratzentimeter, für das Lautstärkeempfinden das »Phon«.
5. An Stelle der Schalleistungsdichte, die auch »Schallstärke« genannt wird, benutzt man noch den in Mikrobar (μb) angegebenen »Schalldruck« als Schallmaß. Der Schalldruck bezieht sich auf 1 cm². (1 μb ist etwa gleich 1 mg/cm².)

6. Die Schalleistungsdichte ist dem Quadrat des Schalldruckes verhältnisgleich, wobei 10000 pW/cm² einem Schalldruck von 2 μb entsprechen.

7. Praktische Maße für die Brauchbarkeit einer Sprachwiedergabe sind die Silbenverständlichkeit und die Satzverständlichkeit. Die Silbenverständlichkeit ist ein viel strengeres Maß als die Satzverständlichkeit.

C. Schall und Raum.

1. Schallwellen sind räumliche Gebilde.

Wie die Rundfunkwellen tatsächlich als Wellen bestehen und wie sich ihre Länge in Metern angeben läßt, so sind auch die Schallwellen wirklich vorhanden, und ihre Länge kann ebenfalls in Metern gemessen werden.

Wie bei den Rundfunkwellen Frequenz, Ausbreitungsgeschwindigkeit und Wellenlänge miteinander in Beziehung stehen, so hängen auch bei den Schallwellen die Frequenzen der Töne und die zugehörigen Wellenlängen über die Schallgeschwindigkeit miteinander zusammen. Diese beträgt in Luft bei 20° C etwa 340 m je Sekunde. Zu einem Ton von beispielsweise 170 Schwingungen je Sekunde gehört demnach eine Wellenlänge von 340:170 = 2 m (s. a. Bild C 1).

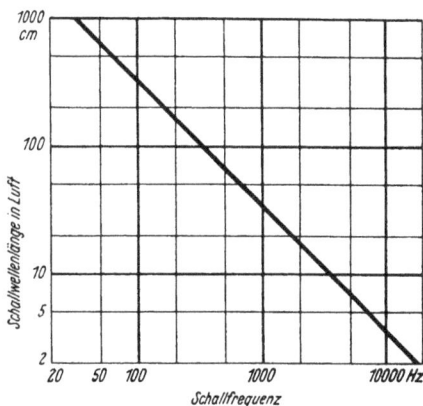

Bild C 1.

Da die Schallwellen wirkliche, im Raum vorhandene Wellen sind, wirken Schall und Raum eng miteinander zusammen.

2. Die Schallwellen werden verschluckt oder zurückgeworfen.

Wenn wir in einem oberen Stockwerk eines Hauses, das kein Gegenüber hat, bei offenem Fenster Rundfunkmusik durch den Lautsprecher wiedergeben, so gehen die Schallwellen, die die Fensteröffnung treffen, dem Wiedergaberaum verloren. Sie werden vom Außenraum verschluckt. Steht aber dem Fenster in einiger Entfernung eine große Wand gegenüber, so kommt ein Echo zustande. Die auf der Wand auftreffenden Schallwellen werden von dort als Echo teilweise zurückgeworfen.

Das Zurückwerfen der Schallwellen (Bild C 2) findet nicht nur in den Fällen statt, in denen wir sie als Echo wahrnehmen. Die zurückgeworfenen Schallwellen, die wir nicht als eigentliches Echo hören, sind sogar von recht großer Bedeutung. So ist durchschnittlich der zurückgeworfene Schallanteil in einem Raum mit 100 cm³ rund 17 mal

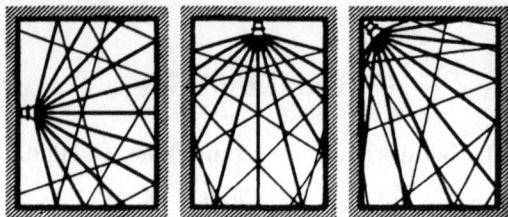

Bild C 2.*)

und in einem Raum mit 1000 cm³ immer noch 8 mal so stark wie der vom Ohr unmittelbar aufgenommene Schallanteil! Selbst im Freien spielt der zurückgeworfene Schall bei größeren Entfernungen eine beträchtliche Rolle. Fehlt dieser Schallanteil, was z. B. auf einer hoch und locker beschneiten Ebene einigermaßen zutrifft, so gelingt eine Verständigung nur über sehr kurze Entfernungen.

3. Einfaches Echo.

Das bekannte einfache Echo besteht in einem einmaligen Zurückwerfen der Schallwellen. Damit ein Echo zustande kommen kann, muß eine von den Schallwellen möglichst senkrecht getroffene Fläche, z. B. eine gewöhnliche Wand, vorhanden sein.

Das allein aber genügt noch nicht. Wir empfinden eine zurückgeworfene Schallwelle als Echo nur, wenn sie uns wenigstens $1/17$ Sekunde später erreicht als die zugehörige unmittelbare Schallwelle.

$1/17$ Sekunde bedeutet, daß der Wegunterschied zwischen der Welle, die uns unmittelbar erreicht, und der zurückgeworfenen Welle zumindest $340:17 =$ rund 20 m beträgt. Hieraus ergibt sich, daß ein durch einfaches Zurückwerfen der Schallwellen zustande kommendes Echo nur im Freien und in großen, geschlossenen Räumen möglich ist.

Störende Echowirkungen werden im Freien weitgehend gemildert, wenn man an Stelle weniger mit Schalltrichtern ausgerüsteter Großlautsprecher viele kleine Rundstrahler vorsieht, die man in gegenseitigen Abständen von etwa 50 m aufstellt. Da jeder Rundstrahler nach allen Seiten wirkt und die echobildenden Gegenstände nicht alle gleich weit vom Rundstrahler entfernt sind, erhalten wir schon bei

*) Die unmittelbaren Schallstrahlen sind dick, die zurückgeworfenen dünn gezeichnet.

Verwendung eines einzelnen Rundstrahlers viele verhältnismäßig schwache, nicht zusammenfallende Echos statt des einen starken Echos, das an einer einzigen von einem Trichterlautsprecher angestrahlten Wand entstehen würde. Auch in geschlossenen Räumen wird die Echowirkung durch Aufteilung der Schalleistung auf viele Lautsprecher zerstreut.

4. Schetter-Echo in geschlossenen Räumen.

Obwohl in geschlossenen Räumen — wie schon bemerkt — einfache Echos wegen der zu geringen Raumabmessungen kaum auftreten können, kommen doch mitunter Echos zustande, die auf einem mehrfachen Zurückwerfen der Schallwellen beruhen. Diese Echos, die man — um damit ihren Klang zum Ausdruck zu bringen — Schetter-Echos nennt, sind sehr unangenehm. Sie machen sich bei der Tonwiedergabe meist als eine Art von Klirren bemerkbar. Ob ein Raum ein Schetter-Echo aufweist, läßt sich leicht feststellen: Wir klatschen in die Hände. Nehmen wir dabei eine rasche Folge einzelner Echos wahr, so ist ein Schetter-Echo vorhanden.

Ein derartiges Echo kann zwischen gleichlaufenden, den Schall gut zurückwerfenden Wänden sowie zwischen der Decke und dem nackten Fußboden auftreten.

Daraus folgt ,daß man Schetter-Echos bekämpfen kann, indem man eine der beiden gleichlaufenden Wände mit Bildern oder Vorhängen versieht oder auch vor eine bzw. beide Wände Möbel stellt sowie dadurch, daß man bei einem Schetter-Echo zwischen Fußboden und Decke den Fußboden mit einem Teppich belegt.

5. Der Nachhall.

Der zurückgeworfene Schall, der nicht als Echo wahrgenommen wird, ist als Nachhall wirksam. Der Nachhall entsteht dadurch, daß jede Schallwelle von den Wänden, der Decke und dem Fußboden des Raumes in sehr kurzen Zeitabständen viele Male zurückgeworfen wird, bis sie so weit geschwächt ist, daß wir sie nicht mehr wahrnehmen können.

Durch die Angabe der »Nachhalldauer« wird die »Halligkeit« eines Raumes ausgedrückt. Unter der Nachhalldauer versteht man die Zeit, die verstreicht, bis die Schalleistungsdichte auf ein Millionstel ihres Anfangswertes abgeklungen ist. Man erhält den ungefähren Wert der Nachhallzeit beispielsweise dadurch, daß man in die Hände klatscht und die Zeit abstoppen läßt, die vergeht, bis der Nachhall eben nicht mehr wahrgenommen werden kann.

Bild C 3 und C 4 zeigen das Abnehmen des Schalldruckes in einem Dom und in einer Maschinenhalle. Daß der Schalldruck noch kurze Zeit nach dem Abschalten der Schallquelle unverändert bleibt, rührt von der hier bestehenden Entfernung zwischen Schallquelle und Aufnahmeeinrichtung her. Der anschließende Anstieg des Schalldruckes (Bild C 4) ist dadurch bedingt, daß der unmittelbare Schall und der zurückgeworfene Schall sich für die zur Messung gewählten Tonfrequenzen am Aufnahmeort im Dauerzustand entgegenwirken. Beim Aufhören des unmittelbaren Schalles fällt diese Gegenwirkung fort.

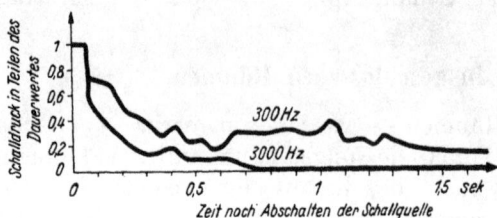

Bild C 3.

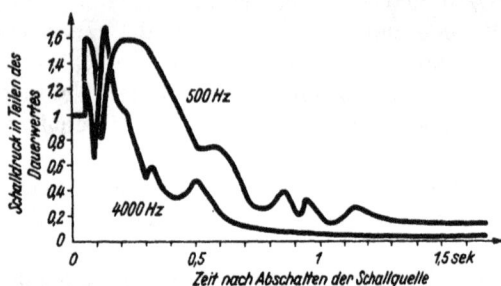

Bild C 4.

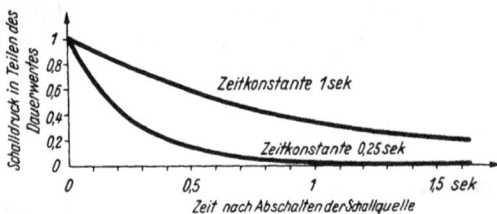

Bild C 5.

In Bild C 5 ist — zum Vergleich mit den Bildern C 3 und B 4 — eine gänzlich ungestörte Schalldruckabnahme für zwei Fälle dargestellt.

6. Ein richtig bemessener Nachhall erweist sich als notwendig!

Man sollte meinen, der Nachhall sei für die Wiedergabe der Töne störend. Einerseits aber stellt er den Hauptteil des nutzbaren Schalles dar (s. S. 23), und andererseits haben wir uns so sehr an die Klangwirkungen des Nachhalles gewöhnt, daß wir das vollständige Fehlen des Nachhalles oder auch schon einen sehr geringen Nachhall als unnatürlich und unter Umständen sogar als unangenehm empfinden. Räume mit zu kleinem Nachhall ergeben einen trockenen Klang, was vor allem die Wirkung von Chören, von Orgelkonzerten und auch von sinfonischer Musik stark beeinträchtigt. Nur Tanzmusik und Sprache klingen bei kleinem Nachhall gut.

Im großen und ganzen verlangt man für kleinere Räume (etwa 100 m³) eine Nachhalldauer von rund einer Sekunde, während für sehr große Räume eine Nachhalldauer von etwa 1,8 Sekunden erwünscht ist. Diese Werte gelten — genau genommen — nur für Originaldarbietungen in den Räumen selbst. Räume für Lautsprecherwiedergabe sollen ungefähr um 0.3 Sekunden kürzere Nachhallzeiten aufweisen, da die wiedergegebenen Töne schon mit dem Nachhall des Senderaumes behaftet sind.

Größere Räume verlangen, wie wir eben gesehen haben, längere Nachhallzeiten als kleine Räume. Das hat folgende Gründe:

1. Wir sind von einem größeren Raum einen stärkeren Nachhall gewohnt, da die vorhandenen großen Räume (Hallen, Säle, Kirchen) meist einen starken Nachhall aufweisen.

2. Je größer der Raum ist, desto stärker tritt im Durchschnitt der unmittelbar aufgenommene Schallanteil gegenüber dem als Nachhall aufgenommenen Schallanteil in den Vordergrund. Der mit wachsender Raumgröße steigende Nachhall wirkt dieser Abhängigkeit des Verhältnisses der Schallanteile entgegen.

3. Bei gegebener Schalleistung und bei gleicher Raumgröße wächst die Lautstärke mit dem Nachhall. Durch Vergrößerung des Nachhalles mit wachsender Raumgröße wird dem mit der Raumgröße steigenden Leistungsbedarf etwas entgegengewirkt, wobei (wegen 2) der größere Nachhall sich nicht so störend auswirken kann wie in kleinen Räumen.

7. Die Nachhalldauer ist beeinflußbar.

Im vorigen Abschnitt wurde erwähnt, daß die Nachhallzeiten für Tonwiedergabe verhältnismäßig klein sein sollen. Im allgemeinen handelt es sich in Innenräumen darum, die Nachhalldauer zu verringern. Dies kann durch Einfügen »schallschluckender« (»schalldämpfender« oder »dämpfender«) Gegenstände, durch Anbringen dämpfender Wandbekleidungen sowie durch Auflegen dicker Teppiche geschehen. Beträchtliche schallschluckende Wirkung haben im Raume anwesende Menschen. Am wirkungsvollsten aber sind offene Fenster und Türen, denen außen keine anderen Wände gegenüberstehen. Der auf solche Öffnungen auftreffende Schall wird nämlich vom Außenraum restlos aufgenommen und geht dadurch für den Innenraum völlig verloren.

Wo die schallschluckenden Gegenstände, Wandbekleidungen oder Teppiche innerhalb des Wiedergaberaumes angeordnet werden, ist für ihren Gesamteinfluß auf die Nachhalldauer vielfach ziemlich gleichgültig. Diese Tatsache, die uns zunächst überrascht, erklärt sich daraus, daß der Nachhall durch oftmaliges Zurückwerfen der Schallwellen entsteht. Die mehrfach zurückgeworfenen Schallwellen treffen auf immer wieder andere Stellen des Raumes und damit auch auf die irgendwo angeordneten schallschluckenden Stoffe.

Leider ist die Dämpfung derartiger Stoffe nicht für alle Tonfrequenzen gleich wirksam. Falls die nötigen Geldmittel zur Verfügung stehen, kann man daran denken, passende Stoffe so zusammenzustellen, daß dadurch eine natürliche Klangfarbe erzielt wird. Andernfalls

gleicht man — der Einfachheit und Billigkeit halber — die Nachhalldauer nur für mittlere Frequenzen (500 bis 800 Hertz) ab und bekämpft
die für hohe und tiefe Frequenzen auftretenden Abweichungen — so
gut es geht — durch entsprechende Beeinflussung des Wiedergabe-
gerätes.

8. Stehende Wellen — eine unangenehme Folge des zurückgeworfenen Schalles.

Schallwellen, die senkrecht auf eine ebene, wenig schallschluckende
Wand auftreffen, werden derart zurückgeworfen, daß die ankommenden
Wellen durch die zurückgeworfenen Wellen in ihrer Auswirkung wechselweise unterstützt und ausgelöscht werden. Auf diese Weise bilden
sich stehende Wellen. Das bewirkt, daß man an jeder Stelle des Raumes
bestimmte Töne besonders gut, andere Töne aber fast gar nicht hört.

Glücklicherweise sind die Wellenlängen der hohen und mittleren
Töne so gering, daß hierfür die lauten und leisen Stellen des Raumes
recht nahe beieinanderliegen. Deshalb kommen uns stehende Wellen
für hohe und mittlere Frequenzen nur schwach oder gar nicht zu Bewußtsein. Für die tiefen Frequenzen aber liegen die leisen und lauten
Stellen des Raumes weit auseinander — so weit, daß das als sehr störend
empfunden werden kann.

9. Stehende Wellen lassen sich bekämpfen!

Gleichlaufende Wände mit nur kleinem Schallschluckvermögen
geben leicht zur Bildung stehender Wellen Anlaß, und zwar vor allem:
1. bei ungefährer Gleichheit der Höhe, Länge und Breite des Wiedergaberaumes;
2. bei ungünstiger Lautsprecheranordnung (Lautsprecher unmittelbar
auf eine gegenüberliegende harte, kahle und ungegliederte Wand
gerichtet).

Hieraus folgt: Stehende Wellen sind in bezug auf den Wiedergaberaum ebenso zu bekämpfen wie das Schetter-Echo. Außerdem ist der
Lautsprecher bei Wahrscheinlichkeit für das Auftreten stehender Wellen
nach Möglichkeit in einer Ecke des Raumes unterzubringen.

10. Schall im Freien.

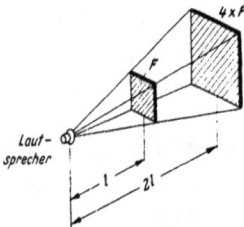

Bild C 6.

Der von einer Schallquelle ausgehende Schall
verteilt sich bei ungestörter Ausstrahlung über
einen Querschnitt, der mit dem Quadrat der Entfernung wächst (Bild C 6). Daraus leitet man
vielfach ab, die Schalleistungsdichte würde im
Freien bei fehlendem Echo mit dem Quadrat
der Entfernung abnehmen. Das hieße, daß die

Schalleistungsdichte bei doppeltem Abstand von der Schallquelle auf ein Viertel des ursprünglichen Wertes sinke.

Man vergißt dabei die Dämpfung, die vorwiegend durch Luftbewegungen, durch die Luftreibung und in der Auswirkung vielfach auch durch die Beugung der Schallwellen verursacht wird und für die zu verschiedenen Übertragungsbedingungen folgende ungefähren Zahlenwerte gelten:

Empfindung von der Übertragungsmöglichkeit	Dämpfung je 100 m Entfernung in Phon
sehr gut	1 bis 2
gut	2 bis 5
mäßig	5 bis 7
schlecht	7 bis 9
sehr schlecht	mehr als 9

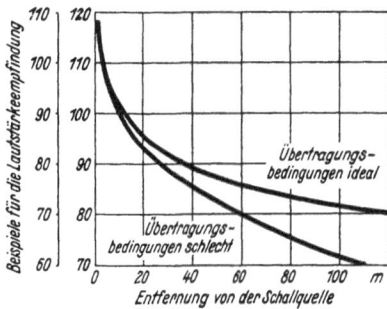

Bild C 7.*)

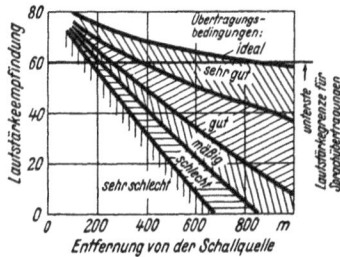

Bild C 8.**)

Der diesen Angaben entsprechende Lautstärkegesamtabfall wird durch die in Bild C 7 und C 8 gezeigten Kennlinien veranschaulicht.

Je größer die Dämpfung ist, desto größere Schwankungen weist sie auf. Die Schallwellen werden

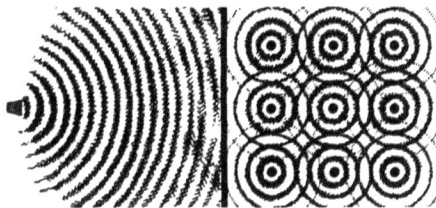

Bild C 9.***)

nämlich bei größeren Entfernungen durch Windstöße verweht (Bild C 9). Auch abgesehen hiervon ist es nicht möglich, den Lautstärkeabfall über größere Entfernungen durch eine Leistungserhöhung auszugleichen,

---

*) Lautstärkeabnahme in der Nähe der Schallquelle.
**) Lautstärkeabnahme für größere Entfernungen von der Schallquelle (Fortsetzung der Kennlinien von Bild C 7).
***) Links Schallwellenverwehungen bei Schallübertragungen über große Entfernungen. Rechts gleichmäßige Schallwellenverteilung durch Anwendung zahlreicher kleiner Rundstrahler.

da die Lautstärke für die vorderen Hörerreihen hierbei viel zu groß würde (vgl. auch Bild C 8).

Zusammenfassung:

1. Zu den Tönen gehören Schallwellen, die tatsächlich vorhanden sind und demgemäß meßbare Längen aufweisen. (Ein Ton von 17 Hertz hat 20 m und ein Ton von 10000 Hertz 3,4 cm Wellenlänge.)
2. Schallwellen werden teils verschluckt, teils zurückgeworfen.
3. Zurückgeworfene Schallwellen bilden das Echo, den Nachhall und im Verein mit den angekommenen Schallwellen stehende Wellen.
4. Echo und stehende Wellen müssen bekämpft werden, was durch die Lautsprecheranordnung sowie in Innenräumen durch Anwendung schallschluckender Stoffe und durch geeignete Raumgestaltung geschehen kann.
5. Ein gewisser Nachhall ist erwünscht. Zu großer Nachhall wird durch Anwendung schallschluckender Stoffe vermindert.
6. Die Größe des Nachhalles gibt man als »Nachhalldauer« oder »Nachhallzeit« an. Statt »Nachhall« sagt man auch »Halligkeit«.
7. Im Freien kann der Schall mit Sicherheit — auch bei großen Schallleistungen — nur über Entfernungen bis zu etwa 200 m übertragen werden.

D. Die Bestandteile der Übertragungsanlage.

1. Die vier Hauptteile.

Die vier Hauptteile jeder Übertragungsanlage sind gemäß Bild D 1:

1. Die Aufnahmeeinrichtung. Diese nimmt das auf, was wiedergegeben werden soll, und stellt die zugehörige Tonfrequenzspannung zur weiteren Verarbeitung zur Verfügung.

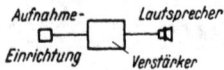

Bild D 1.

2. Der Verstärker. Dieser hat das, was aufgenommen wird, zu verstärken und muß den Lautsprecher betreiben

3. Der Lautsprecher mit dem dazugehörigen Strahler. Der Lautsprecher wird vom Verstärker betrieben und bewirkt die Schallwellen. Der Strahler sorgt dafür, daß die Schallwellen richtig entstehen und zweckmäßig verteilt werden.
4. Die Leitungen. In diesem Zusammenhang sind neben den Netzleitungen von besonderer Bedeutung: Die Eingangsleitungen, die die Aufnahmeeinrichtung mit dem Verstärker verbinden, und die Ausgangsleitungen, über die der Lautsprecher an den Verstärker angeschlossen ist.

Wir prägen uns also das Bild D 1 ein und haben damit den Grundplan, nach dem sich sämtliche Übertragungsanlagen — von den kleinsten bis zu den größten Ausführungen — bauen lassen.

Vor allem der Verstärker, daneben die Aufnahmeeinrichtung und schließlich — bei entsprechender Ausführung — auch die Lautsprecher müssen meist aus dem Starkstromnetz (selten aus besonderen Stromquellen s. S. 93) gespeist werden. Als notwendige Netzleistung ist ungefähr 5- bis 10mal soviel anzusetzen wie für die Beleuchtung des Wiedergaberaumes. Wechselstrom ist günstiger als Gleichstrom. Bei letzterem werden für mittlere Anlagen vielfach und für große Anlagen fast stets Umformer benötigt, die den Gleichstrom in Wechselstrom umformen.

2. Die übliche Rundfunkempfangsanlage als vollständige Einrichtung.

Die Rundfunkempfangsanlage umfaßt als Aufnahmeeinrichtung die Antennenanlage, den Empfangsgleichrichter sowie gegebenenfalls den Hochfrequenz- und Zwischenfrequenzteil, als Verstärker die Endstufe, oft gemeinsam mit einer Niederfrequenzstufe, sowie einen oder zwei (sehr selten drei) fast stets eingebaute Lautsprecher einschließlich des durch das Gehäuse gebildeten Strahlers (Bild D 2).

Wir können demgemäß das Rundfunkgerät als Übertragungsanlage einsetzen. Handelt es sich — wie beim Arbeitsfrontempfänger — um ein Gerät ohne eingebauten Lautsprecher, so ergibt sich die Übertragungsanlage durch Anschluß eines passenden Lautsprechers (Bild D 3). Das Anschließen eines Lautsprechers kommt auch für Geräte mit eingebautem Lautsprecher in Betracht (Bild D 4), falls die räumlichen Verhältnisse zwei Lautsprecher verlangen.

Bild D 2.   Bild D 3.   Bild D 4.   Bild D 5.

Die Grenzen, innerhalb derer Rundfunkgeräte als Übertragungsanlagen dienen können, sind für übliche Räume, die zu den angegebenen Hörerzahlen passen, etwa:

Volksempfänger VE 301 . . . . 60 Hörer
Volksempfänger VE 301 mit besonderem Hochleistungslautsprecher . . . . 160 »
Arbeitsfrontempfänger, Empfänger mit leistungsfähiger, einzelner Endröhre (AL 4, CL 4), Gerät mit zwei AD 1 in Gegentaktschaltung . . . . 600 »

Diesen Angaben liegt die Voraussetzung zugrunde, daß während der Übertragung Ruhe herrscht (Gemeinschaftsempfang). Unter günstigen räumlichen Bedingungen können auch größere Hörerzahlen zugelassen werden (bis zu etwa der doppelten Zahl).

Man beachte, daß in »Schulfunkanlagen« und ähnlichen Übertragungsanlagen wegen des nicht gleichzeitigen Betriebes der Lautsprecher und wegen der besonders geringen Nebengeräusche im Vergleich zu den Gesamthörerzahlen noch wesentlich kleinere Leistungen benötigt werden!

3. Die Rundfunkempfangsanlage als Aufnahmeeinrichtung.

Die Rundfunkempfangsanlage kann auch als Bestandteil anderer Übertragungsanlagen ausgenutzt werden, wobei man sie nicht insgesamt, sondern nur teilweise verwendet. Hierfür ergeben sich zwei Möglichkeiten von Bedeutung:

1. Die Verwendung als Aufnahmeeinrichtung (s. Bild D 1 links und Bild D 5).
2. Die Verwendung als Verstärker mit Lautsprecher (s. Bild D 1 rechts).

Wie die Überschrift dieses Abschnittes sagt, behandeln wir hier den Fall 1. Als Aufnahmeeinrichtung kann grundsätzlich jeder Empfänger dienen. Besonders hohe Empfangsempfindlichkeit ist weder notwendig noch erwünscht. Hingegen ist eine ausreichende Trennschärfe sehr wichtig, wenn am Empfangsort außer dem für die Übertragungen in Betracht kommenden Sender sich andere, in der Welleneinteilung benachbarte Sender stark auswirken können. Bei Rundfunkempfang muß für Übertragungsanlagen berücksichtigt werden, daß der Empfang Störungen unterworfen sein kann. Die Störungen werden durch entsprechenden Bau der Antennenanlage bekämpft: Vielfach genügt es, als Antenne einen Draht frei aufzuhängen und die Antennenableitung ebenfalls möglichst frei bis an den Empfänger heranzuführen, wobei man in der Regel die Erdbuchse des Empfängers mit einer guten Erdung verbinden muß. Sind bei einer solchen freien Antennenanlage doch noch wesentliche Störungen zu erwarten, so muß man eine Antennenanlage mit geschirmter Ableitung verwenden. Hierbei ist zu beachten, daß die geschirmte Ableitung den Empfang bei Verzicht auf Übertrager ganz beträchtlich schwächt. Da die Empfangssicherheit durch Einstellung des Empfängers auf höchste Empfindlichkeit vermindert wird und bei Verwendung der Rückkopplung überdies eine Beeinträchtigung der hohen Töne erfolgt, sollte man geschirmte Antennenableitungen für Übertragungsanlagen stets mit Übertragern (Antennenübertrager und Empfängerübertrager) ausrüsten.

4. Der Drahtfunk als Aufnahmeeinrichtung.

Drahtfunk ist dem Rundfunkempfang für Übertragungsanlagen meist vorzuziehen, da bei ihm die Störungen keine Rolle spielen und die

Sicherheit besonders groß ist. Allerdings kann man Drahtfunk nicht überall haben und vor allem auch nicht immer so, daß eingehende Telephongespräche die Übertragung nicht stören. Für Übertragungsanlagen aber ist Voraussetzung, daß die Übertragung nicht gestört wird, daß also bei Niederfrequenzdrahtfunk eigene Leitungen zur Verfügung stehen. Diese verursachen jedoch Kosten, die für selten gebrauchte Anlagen verhältnismäßig hoch sind, und setzen voraus, daß die Anträge bei der Post rechtzeitig gestellt werden. Der Hochfrequenzdrahtfunk, der vom Telephonbetrieb auch bei gemeinsamer Leitung unbeeinflußt bleibt, ist in dieser Beziehung günstiger.

5. Der Plattenspieler.

Zur Ergänzung der Übertragungen werden vielfach Schallplatten benötigt, die z. B. dazu dienen, der Übertragung örtlich eine passende musikalische Umrahmung zu geben. Die heutigen handelsüblichen Plattenspieler sind für Übertragungsanlagen im allgemeinen gut geeignet.

Da der Plattenspieler in größeren Übertragungsanlagen einen nur geringen Teil der Anschaffungskosten beansprucht, kann man für große Anlagen den besten zur Verfügung stehenden Plattenspieler verwenden. Dynamische Tonabnehmer, wie sie etwa in Senderäumen benutzt werden, erübrigen sich jedoch. Die dynamischen Tonabnehmer kosten mehr als die Tonabnehmer, die üblicherweise in den Plattenspielern enthalten sind. Hingegen sind Tonabnehmer mit Saphirnadeln und auch Kristalltonabnehmer in Betracht zu ziehen.

6. Die Mikrophoneigenschaften.

Das Mikrophon dient dazu, die Schallwellen in Spannungsschwankungen zu verwandeln. Da es diese Umwandlung naturgetreu bewirken soll, wäre das bessere Mikrophon grundsätzlich vorzuziehen. Hochwertige Mikrophone aber sind teuer, weshalb man sie nur verwendet, wenn der Mikrophonpreis im Vergleich zu den gesamten Anlagekosten gering bleibt oder wenn besondere Umstände zu der Verwendung des hochwertigen Mikrophons zwingen.

Um das einfache und billige Mikrophon im jeweiligen Fall gegen das hochwertige und teure Mikrophon abwägen zu können, müssen wir uns näher mit den Eigenschaften der Mikrophone beschäftigen. Dies hat insofern besonderen Wert, als die Hersteller über die Mikrophone mehr Angaben machen und mehr Kennlinien herausbringen als etwa über Lautsprecher.

Die wesentlichsten Gesichtspunkte für die Beurteilung des Mikrophons sind:

1. Die Ansprechempfindlichkeit.
2. Die Frequenzabhängigkeit.
3. Die Richtungsabhängigkeit (Richtwirkung).
4. Die Klirrverzerrung.
5. Der Aussteuerbereich.

Außerdem spielen mitunter auch das Rauschen, die Feuchtigkeitsempfindlichkeit und die Temperaturempfindlichkeit eine Rolle.

Die Ansprechempfindlichkeit wird in Millivolt je Mikrobar (mV/bμ) angegeben. Ist das Mikrophon mit einem Ausgangsübertrager versehen, so gelten die genannten Werte im allgemeinen für die Spannung am Ausgang des Übertragers. Arbeitet das Mikrophon unmittelbar mit einer Verstärkerstufe zusammen, so bezieht sich die Empfindlichkeitsangabe vielfach auf die von dieser Stufe abgegebene Tonfrequenzspannung, manchmal aber auch auf die Spannung, durch die diese Stufe gesteuert wird. Die Angaben stellen Durchschnittswerte dar, die für senkrecht zur Membran einfallende Schallwellen über den ganzen Wiedergabefrequenzbereich gewonnen werden.

Hohe Empfindlichkeit ist stets günstig. Wichtig aber wird sie, wenn das Mikrophon eine nennenswerte Rauschspannung erzeugt, wie das bei den Kohlemikrophonen der Fall ist. Die Nutzspannung, auf die sich die Empfindlichkeitsangabe bezieht, soll nämlich wenigstens 300 mal so hoch sein wie die Rauschspannung.

Für die Verwertung der Empfindlichkeitsangaben sollte man wissen, daß ein Redner bei durchschnittlicher Lautstärke und aus üblicher Entfernung am Mikrophon einen Schalldruck von etwa 5 bis 10 Mikrobar erzeugt.

Die Frequenzabhängigkeit der Ansprechempfindlichkeit besteht darin, daß die Ansprechempfindlichkeiten für die verschiedenen Frequenzen im allgemeinen verschieden sind. Vor allem muß natürlich verlangt werden, daß die Ansprechempfindlichkeit über den gesamten Wiedergabefrequenzbereich genügend hohe Werte aufweist. Meist wird der Frequenzbereich, für den dies zutrifft, angegeben. An zweiter Stelle ist zu fordern, daß die Ansprechempfindlichkeit sich abhängig von der Frequenz nicht schroff ändert, da andernfalls zusätzliche Verzerrungen entstehen. Weiter darf die Empfindlichkeit von dem jeweils erwünschten Verlauf möglichst um nicht mehr als etwa 3 Dezibel (bis aufs Doppelte und auf die Hälfte des Durchschnittswertes) nach oben und unten abweichen. Für den erwünschten Verlauf gilt dabei: Bei gewöhnlichen Mikrophonen, die für die hohen und mittleren Töne vorwiegend nur von vorn, für die tiefen Töne aber von allen Seiten ungefähr gleich empfindlich sind, soll die Empfindlichkeit mit der Frequenz ansteigen (s. S. 31). Bei Mikrophonen, deren Richtwirkung im wesentlichen frequenzunabhängig ist (also Richtmikrophone und richtungs-

unabhängige Mikrophone), soll die Empfindlichkeit hingegen frequenzunabhängig sein.

Die Mikrophonrichtwirkung besteht darin, daß die Ansprechempfindlichkeit des Mikrophons im allgemeinen von der Richtung abhängt, aus der der Schall das Mikrophon trifft. Zu jeder Frequenz, für
die die Mikrophonempfindlichkeit richtungsunabhängig ist, ergibt sich
eine im Vergleich zum unmittelbaren Hören wesentlich stärkere Aufnahme der Raumgeräusche und des Nachhalles: Beim unmittelbaren
Hören werden Nachhall und Raumgeräusche dadurch in den Hintergrund gedrängt, daß die Schallaufnahme mit den beiden Ohren eine
gewisse Richtwirkung mit sich bringt und daß diese Richtwirkung noch
durch die Aufmerksamkeit unterstützt wird, die wir auf die Schallquelle
lenken. Die Richtwirkung gewöhnlicher Mikrophone besteht nur für
die hohen und mittleren Töne, während die tiefen Töne das Mikrophon
von allen Seiten her in gleicher Weise beeinflussen können. Für die tiefen
Töne ist die Raumdämpfung aber meist besonders gering. Mikrophone,
die für tiefe Töne keine Richtwirkung
haben, begünstigen demnach die akustische Rückkopplung in besonderem Maße.
Für solche Mikrophone ergibt sich außerdem — selbst bei einer Besprechung
senkrecht zur Membran — eine starke
Abhängigkeit des Frequenzeinflusses von
der Entfernung zwischen Mikrophon und
Schallquelle: Mit wachsender Entfernung
überwiegt der von den Wänden zurück-

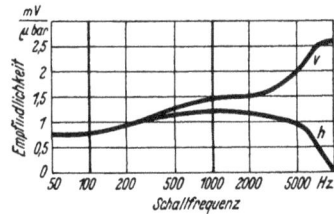

Bild D 6.*)

geworfene Schall, der das Mikrophon von allen Seiten beeinflußt,
immer mehr den unmittelbar und ungefähr senkrecht auf das Mikrophon
treffenden Schall. Folglich sinkt mit der Entfernung vom Redner die
Ansprechempfindlichkeit des Mikrophons für hohe und mittlere Töne
stärker als die Ansprechempfindlichkeit für tiefe Töne. Dies hat dazu
geführt, den gewöhnlichen Mikrophonen eine mit der Frequenz ansteigende Ansprechempfindlichkeit zu geben (Bild D 6).

Ein Mikrophon ist für den jeweiligen Zweck um so besser geeignet,
je mehr sich seine Ansprechempfindlichkeit für alle Frequenzen in
gleicher Weise auf den Winkelbereich beschränkt, aus dem der zu über-
tragende Schall das Mikrophon erreicht. Für die Aufnahme einer Rede,
bei der der Redner seine Richtung zum Mikrophon nicht ändert, braucht
das Mikrophon nur über einen sehr kleinen Winkelbereich empfindlich
zu sein. Für die Aufnahme eines Orchesters oder eines Redners, der

---

*) Die Empfindlichkeit eines nicht mit besonderer Richtwirkung ausgestatteten
Kondensatormikrophon steigt für Besprechung von vorn (Kennlinie *v*) üblicherweise
an. Die Kennlinie *h* gilt für Besprechung von hinten.

mehr Bewegungsfreiheit braucht, muß das Mikrophon über einen größeren Winkelbereich eine gleichbleibende Empfindlichkeit aufweisen.

Die Richtwirkung wird vielfach durch »Richtkennlinien« anschaulich gemacht, wobei jedes brauchbare Richtkennlinienbild wegen der Frequenzabhängigkeit der Richtwirkung wenigstens eine Kennlinie für eine hohe Frequenz (etwa 2000 Hz oder mehr) und eine Kennlinie für eine tiefe Frequenz (etwa unter 600 Hz) enthalten muß. Das Richtkennlinienbild bezieht sich fast immer auf die durch die Mitte des Mikrophons gelegte waagerechte Ebene. Man gewinnt die Richtkennlinie, indem man die Ansprechempfindlichkeiten für die verschiedenen Besprechungsrichtungen feststellt, diese Empfindlichkeiten durch entsprechend lange Strecken ausdrückt und jede Strecke in der Besprechungsrichtung aufträgt (s. die Bilder G 11, G 14 und G 15, S. 74, 75).

Die Klirrverzerrungen (Entstehung zusätzlicher Oberwellen und zusätzlicher Differenztöne) sind bei den Kondensatormikrophonen sowie bei den meisten elektrodynamischen Mikrophonen derart gering, daß sie für den praktischen Betrieb völlig vernachlässigt werden können. Auch bei den hochwertigen Kohlemikrophonen ergeben sich innerhalb des üblichen Aussteuerungsbereiches noch vielfach erträgliche Verzerrungen. Einfache Kohlemikrophone aber neigen sehr stark zur Bildung von Differenztönen — vor allem im Bereich der hohen Töne. Die bedeutende Klirrverzerrung der Kohlemikrophone erklärt sich vorwiegend aus der einseitigen Membranbelastung.

Der Aussteuerungsbereich ist für die Praxis bei Kondensatormikrophonen nach unten überhaupt nicht und nach oben erst oberhalb der in Frage kommenden Lautstärken begrenzt. Dasselbe gilt mit geringen Einschränkungen auch für elektrodynamische Mikrophone. Bei Kohlemikrophonen aber ist durch eine »Reizschwelle« und durch das Rauschen eine untere Begrenzung des Aussteuerungsbereiches gegeben. Die bei Übersteuerungen auftretenden beträchtlichen Verzerrungen begrenzen hier den Aussteuerungsbereich auch nach oben.

7. Die Mikrophonarten.

Einfache Kohlemikrophone erfüllen für kleinere Anlagen vielfach ihren Zweck. Solche Mikrophone sind billig und ergeben Sprechspannungen, die in derselben Größenordnung liegen wie die Spannungen der Tonabnehmer, weshalb man diese Mikrophone unmittelbar an die Schallplattenbuchsen des Empfängers anschließen kann.

Hochwertige Kohlemikrophone sind teurer und liefern zum Teil geringere Spannungen. Dafür ergeben sie kleinere Verzerrungen. Hochwertige Kohlemikrophone kommen in Betracht, wenn genügende Verstärkung vorhanden ist und der Mehrpreis keine Rolle spielt.

Elektrodynamische Mikrophone, die in Deutschland hauptsächlich als Bändchenmikrophone benutzt werden, die sich aber außerdem auch in einer kleinen dynamischen Lautsprechern ähnlichen Gestaltung finden, zeigen eine nahezu frequenzunabhängige Empfindlichkeit über einen großen Frequenzbereich. Auch die Klirrverzerrungen sind verhältnismäßig gering. Außerdem sind diese Mikrophone — im Gegensatz zu den Kohlemikrophonen — völlig rauschfrei und unempfindlich gegen äußere Beeinflussungen. Schließlich erfordern sie — ebenfalls im Gegensatz zu den Kohlemikrophonen und auch im Gegensatz zu den Kondensatormikrophonen — keine Stromquellen. Die Empfindlichkeit liegt allerdings nur bei etwa 2 Millivolt je Mikrobar.

Die Kondensatormikrophone sind allen anderen Mikrophonen in bezug auf geringe Frequenzabhängigkeit und geringe Klirrverzerrungen grundsätzlich überlegen. Als gewisser Nachteil ist zu beachten, daß das Kondensatormikrophon eine entweder unmittelbar mit ihm zusammengebaute oder in seiner nächsten Nähe angeordnete Verstärkerstufe benötigt. Die Empfindlichkeit ist unter Einrechnung der Verstärkung dieser Stufe wesentlich größer als die des Bändchenmikrophons (etwa 15 Millivolt je Mikrobar). Dabei verstärkt die mit dem Mikrophon zusammengebaute Stufe etwa 15fach, so daß auf das Mikrophon selbst eine Empfindlichkeit von etwa 1 Millivolt je Mikrobar entfällt.

Kondensatormikrophone wie zum Teil auch dynamische Mikrophone werden mit verschiedenen Richtwirkungen geliefert (s. S. 34), was für ihre Verwendung von großer Bedeutung ist.

8. Gewöhnliche Mikrophone und Richtmikrophone.

Das gewöhnliche Mikrophon nimmt nur die von vorn einfallenden Schallwellen hinreichend frequenzunabhängig auf (s. S. 31). Bei den Richtmikrophonen hingegen ist die Richtwirkung einigermaßen frequenzunabhängig. Daher gehören zu den Richtmikrophonen vor allem die Mikrophone, die für einen oder zwei Besprechungswinkelbereiche sowohl von den hohen wie von den tiefen Tönen besonders stark beeinflußt werden, und daneben auch die Mikrophone, die von allen Seiten her die hohen und die tiefen Töne in gleichem Maße aufnehmen.

Die Membran des gewöhnlichen Mikrophons ist dem Schalldruck einseitig ausgesetzt. Die andere Seite der Membran wird von dem schallerfüllten Raum durch die Mikrophonkapsel abgeschlossen. Für Schallwellen, deren Wellenlängen größer sind als der Membrandurchmesser, ergibt sich hierbei keine nennenswerte Richtwirkung. Bei hinreichend langen Schallwellen steht nämlich das ganze Mikrophon — gleichgültig, welche Stellung es den Schallwellen gegenüber hat — immer unter dem Einfluß derselben Luftdruckschwankung (Bild D 7).

Damit kürzere Schallwellen gleichsinnig auf die Membran wirken, müssen sie ungefähr senkrecht auf diese auftreffen. Laufen sie in der

Richtung der Membranfläche, so wird die Membran gleichzeitig durch Luftdruckschwankungen mit entgegengesetzten Vorzeichen beeinflußt, wodurch sich die Wirkung dieser Druckschwankungen auf die Membran teilweise oder ganz aufhebt (Bild D 8).

Die Richtkennlinien eines Mikrophons mit größerem Membrandurchmesser — z. B. gewöhnliche Kondensatormikrophone — verlaufen demgemäß entsprechend Bild D 6: Für hohe Frequenzen ist eine ausgesprochene Richtwirkung vorhanden. Für tiefe Frequenzen fehlt sie. Ein Mikrophon jedoch, dessen Membrandurchmesser kleiner als die halbe Wellenlänge des höchsten zu übertragenden Tones ist, hat auch für die höchsten Töne keine nennenswerte Richtwirkung.

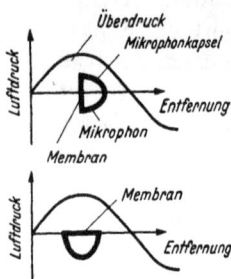
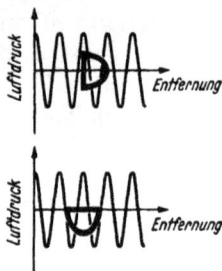
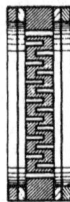

Bild D 7.   Bild D 8.   Bild D 9.*)   Bild D 10.**)

Beispiel: Wollen wir eine Richtungsunabhängigkeit bis 8000 Hertz erzielen, so müssen wir — gemäß der kürzesten zugehörigen Schallwellenlänge von 34000:8000 = rund 4 cm — als Höchstdurchmesser der Membran 4:2 = 2 cm in Betracht ziehen.

Den folgend beschriebenen Richtwirkungsarten sind hier beispielsweise Kondensatormikrophone zugrundegelegt.

Achtermikrophone haben für zwei einander entgegengesetzte Richtungen besonders hohe und für die zwei senkrecht dazu stehenden Richtungen nur sehr geringe Empfindlichkeiten (Bild G 15). Die Membran ist bei diesen Mikrophonen zwischen zwei — aus festen, durchgehend gelochten Metallplatten bestehenden — Gegenpolen angeordnet (Bild D 9). Durch die Lochung der zwei Platten wird erreicht, daß die Membran von den senkrecht auftreffenden Schallwellen mitgenommen wird. Sie folgt dabei den zugehörigen Luftbewegungen. Schallwellen, die mit der Membranfläche gleichlaufen, haben auf ein solches Mikrophon keinen Einfluß, da in diesem Fall zwischen Vorder- und Rückseite der Membran keine Druckunterschiede auftreten.

Nierenmikrophone weisen eine im wesentlichen einseitige Empfindlichkeit auf (Bild G 14). Diese wird dadurch erreicht, daß zu beiden

---

*) Querschnitt durch ein Achtermikrophon.
**) Querschnitt durch ein Nierenmikrophon.

Seiten einer durchlochten Platte je eine Membran angeordnet ist, von
denen nur die eine angeschlossen wird (Bild D 10). Die jeweils der Schallquelle abgekehrte Membran bleibt nahezu in Ruhe, da sie sowohl von
den Druckunterschieden, die durch die vordere Membran und durch
die durchlochte Platte hindurch wirken, wie auch von den Druckschwankungen, die unmittelbar an ihr auftreten, beeinflußt wird. Die
zeitliche Verschiebung der Druckunterschiede gegenüber den Druckschwankungen muß dabei durch die Lochung der Platte hinreichend ausgeglichen sein.

9. Der Verstärker.

Der Verstärker wird von der Aufnahmeeinrichtung mit Tonspannung
beliefert und muß den oder die Lautsprecher betreiben. Hieraus ergeben sich die beiden folgenden wichtigen Forderungen:

1. Die Verstärkung muß einen hinreichenden Überschuß aufweisen,
   damit auch die geringstmögliche Spannung der Aufnahmeeinrichtung noch zur vollen Aussteuerung des Empfängers genügt.
2. Die hinreichend verzerrungsfrei abgebbare Leistung muß aus-
   reichen, um die vorgesehenen Lautsprecher zu betreiben und die
   Hörer mit Schall zu versorgen (üblicherweise 0,8 Watt für 100 Hörer,
   bei Großveranstaltungen rund ein Viertel davon).

Erweist sich die aus der Aufnahmeeinrichtung stammende Tonspannung als nicht genügend hoch, so kann man gelegentlich aushilfs-
weise den Niederfrequenzteil eines Rundfunkempfängers als Vorverstärker verwenden. Dies geschieht für kleine und mittlere Anlagen
vielfach in der Weise, daß man an das Rundfunkgerät als Verstärker
lediglich eine besondere, mit Netzanschluß ausgerüstete Endstufe (»Netz-
endstufe« oder »Kraftverstärkerendstufe«) anschließt.

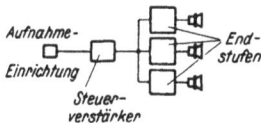

Bild D 11.

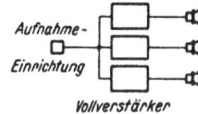

Bild D 12.

Kraftverstärkerendstufen werden auch in Zusammenhang mit
besonderen Vorverstärkern (bei größerer Ausgangsleistung auch »Steuerverstärker« genannt) benutzt, wenn man mehrere Endstufen benötigt.
In diesem Fall ist also der Vorverstärker oder der Steuerverstärker
mehreren Endstufen gemeinsam, was eine Verbilligung der gesamten Anlage gegenüber der Verwendung einer entsprechenden Zahl vollständiger
Verstärker bedeutet und die Schwierigkeiten umgeht, die beim unmittelbaren Zusammenschalten mehrerer Verstärker an der Verbindungsstelle
mit der Aufnahmeeinrichtung auftreten können (Bild D 11 und D 12).

Für die Beurteilung des Verstärkers sind drei Größen von Bedeutung:

1. Die Sprechleistung (übliche Werte 2,5, 4,5, 9, 10, 12 und mehr Watt);
2. der Frequenzbereich, in dem die Verstärkung einigermaßen gleichmäßig ist (beste Verstärker für den vorliegenden Zweck etwa 40 bis 10000 Hertz);
3. der Klirrgrad (auch Klirrfaktor genannt, übliche Werte etwa 5% oder 10% für volle Sprechleistung).

Zu 1. Elektrotechniker, die viel mit Starkstromanlagen zu tun haben, sind geneigt, zwischen der Sprechleistung und dem Verstärker-Innenwiderstand einen Zusammenhang zu vermuten. Ein solcher Zusammenhang besteht nämlich wohl für Stromquellen, die mit vorgegebenen Spannungen arbeiten sollen. Hierbei sinkt die abgebbare Leistung mit wachsendem Innenwiderstand. Bei den Verstärkern aber liegen die Ausgangsspannungen nicht fest. Sie steigen vielmehr mit zunehmendem Innenwiderstand. Deshalb kann ein Verstärker mit einem Innenwiderstand von 10000 Ohm ebensogut 20 Watt Sprechleistung abgeben wie ein Verstärker mit einem Innenwiderstand von 2000 Ohm.

Zu 2. Der Frequenzbereich ist grundsätzlich durch unser Gehör mit etwa 16 bis 16000 Hertz festgelegt und wird im übrigen durch den Stand der Technik sowie durch die höchstmögliche Schalleistungsdichte (s. S.15) bestimmt.

Zu 3. Der Klirrgrad drückt die Verzerrung aus. Je größer der Klirrgrad, desto höher die Verzerrung. 5% Klirrgrad sind noch kaum zu merken und 10% Klirrgrad sind im allgemeinen noch tragbar.

Der Klirrgrad gibt zwar einen wertvollen Anhaltspunkt für die zu erwartenden Verzerrungen; er läßt aber doch keine einwandfreien Vergleiche zu. Neben der absoluten Höhe des Klirrgrades kommt es nämlich sehr auf den Klirrgradverlauf an. Je schroffer der Klirrgrad sich in Abhängigkeit von der Aussteuerung des Verstärkers ändert, desto unangenehmer empfindet man die Verzerrungen. Aus diesem Grunde muß der Verstärker letzten Endes doch mit dem Gehör beurteilt werden:

Musiker sind jedoch hierfür als Sachverständige nicht immer besonders geeignet. Sie richten ihr Augenmerk vielfach gewohnheitsmäßig auf solche Punkte, die bei Originaldarbietungen wichtig sind. Das hält sie davon ab, die für die Güte der Wiedergabe maßgebenden Merkmale gebührend zu beachten.

10. Die Verstärkergruppen.

Im vorhergehenden Abschnitt wurden die Gesichtspunkte herausgestellt, die für die Beurteilung der Verstärker eine Rolle spielen. Ergänzend sollen hier die Kennzeichen der wichtigsten Verstärkergruppen angegeben werden. Man verwendet den A-Verstärker und den B-Verstärker. Beide Verstärkerarten unterscheiden sich hauptsächlich durch die Betriebsweise der Endstufe.

Beim A-Verstärker arbeitet die Endstufe mit einem ziemlich hohen Anodengleichstrom. Dabei ergibt sich der Vorteil einer besonders geringen Verzerrung und der Nachteil einer verhältnismäßig hohen Verlustleistung. Diese Verlustleistung wirkt sich grundsätzlich sowohl auf die Anschaffungskosten wie auch auf die Betriebskosten aus. Die Anschaffungskosten wachsen mit der Verlustleistung, weil der Netzteil des Verstärkers diese Verlustleistung zur Verfügung zu stellen hat und weil die Röhren in der Lage sein müssen, die Wärme, in die sich die Verlustleistung verwandelt, zu verarbeiten.

Beim B-Verstärker arbeitet die Endstufe mit einem veränderlichen »Anodengleichstrom«, dessen Wert sich der durchschnittlichen Wiedergabelautstärke selbsttätig anpaßt: Bei leiser Wiedergabe ist der Strom gering; bei lauter Wiedergabe erreicht er einen entsprechend hohen Wert. Die Anpassung des Stromes an die Schalleistung hat den Vorteil einer geringen Verlustleistung. Daraus folgt, daß beim B-Verstärker sowohl die Anschaffungskosten wie die Betriebskosten geringer ausfallen als beim A-Verstärker. Dafür aber muß man beim B-Verstärker den Nachteil einer etwas größeren Verzerrung mit in Kauf nehmen, die — im Gegensatz zum A-Verstärker — auch bei geringen Aussteuerungen eine Rolle spielen kann.

Neben den A- und B-Verstärkern gibt es schließlich noch AB-Verstärker, die die Vorteile beider Verstärkergruppen im wesentlichen vereinen. Diese Verstärker arbeiten bei geringer Aussteuerung als A-Verstärker und gehen bei wachsender Aussteuerung allmählich auf B-Betrieb über.

Die großen Verstärker werden in der Regel für Wechselstrom gebaut. Allstrom-Netzanschlußverstärker sind nur bis zu mittleren Ausgangsleistungen zu haben. Steht kein Wechselstrom zur Verfügung, so muß man für größere Anlagen Umformer verwenden, die den Gleichstrom in Wechselstrom umformen.

11. Die Lautsprecher.

Der Lautsprecher soll die von der Endstufe des Verstärkers gelieferte Sprechleistung in Schallwellen zurückverwandeln. Der vorwiegend benutzte dynamische Lautsprecher tut das mittels seiner in dem Luftspalt eines Magneten beweglichen Triebspule. Die Triebspule wird von den Sprechströmen durchflossen. Das Magnetfeld übt hierbei diesen Sprechströmen entsprechende Kräfte auf die Triebspule aus.

Hinsichtlich des Magneten unterscheidet man die permanent-dynamischen Lautsprecher, die mit Dauermagneten ausgestattet sind, und die

Lautsprecher mit Erregerspule. Beide Lautsprecherarten sind grundsätzlich gleich leistungsfähig. In der Praxis aber geht man immer mehr
davon ab, »fremderregte« Lautsprecher zu verwenden, die mit Erreger-
spulen — d. h. mit Elektromagneten — arbeiten, da diese Lautsprecher
Erregerströme (Feldströme) erfordern. Die fremderregten Lautsprecher
sind allerdings (besonders für größere Leistungen) vielfach billiger
als die Lautsprecher mit Dauermagneten. Deshalb werden sie bei Ver-
kaufsangeboten, die die Montagekosten nicht enthalten, vielfach doch
noch in Betracht gezogen. Außerdem waren für Leistungen über etwa
5 Watt die bisherigen Lautsprecher mit Dauermagneten denen mit Fremd-
erregung im Wirkungsgrad noch unterlegen. Lautsprecher für Leistungen über 70 Watt baute man auch 1938 noch stets mit Fremd-
erregung.

Magnetische Lautsprecher kommen für Übertragungsanlagen
kaum noch in Betracht. Man verwendet sie höchstens, um Nebenräume
mit Schall zu versorgen oder um etwa in irgendwelchen Nischen des
Übertragungsraumes die Verständlichkeit zu erhöhen.

Für große Wiedergaberäume kann mitunter der Einsatz besonderer
Hochtonlautsprecher günstig sein. Mit ihrer Hilfe läßt sich die
Verteilung der hohen Töne an die der tiefen Töne angleichen. Diese
Hochtonlautsprecher sind aber auch für die Erzeugung der hohen
Töne wichtig, und zwar aus zwei Gründen:

1. Es macht besondere Schwierigkeiten, Lautsprecher zu bauen, die
   über den gesamten Tonfrequenzbereich gleichmäßig gut arbeiten.
   Viel leichter ist es, den Tonfrequenzbereich auf einen Lautsprecher
   für tiefe und mittlere Töne sowie auf einen zweiten Lautsprecher
   für hohe und höchste Töne zu verteilen.
2. Lautsprecher, die tiefe Töne mit großer Leistung abgeben, weisen
   hierfür beträchtliche Membranbewegungen auf. Diese Membranbewegungen beeinflussen die gemeinsam mit den tiefen Tönen
   wiedergegebenen hohen Töne: jedesmal, wenn die Membran sich
   nach vorn bewegt, werden die einzelnen Wellen des hohen Tones in
   rascherer Folge abgestrahlt als ohne die dem tiefen Ton entsprechende
   Membranbewegung. Beim Zurückgehen der Membran wird die
   Folge der Einzelwellen des hohen Tones langsamer. Die Frequenz
   des hohen Tones ändert sich im Takt des tiefen Tones. Die Aufteilung der Schallquelle auf zwei Lautsprecher für verschiedene
   Frequenzbereiche verhindert diese Beeinflussung.

Die Güte des Lautsprechers wird durch den Frequenzumfang und
das Gleichmaß der Wiedergabe, durch den Wirkungsgrad sowie vor allem
durch die Reinheit der Wiedergabe bestimmt. Besonders ältere dynamische Lautsprecher klingen vielfach rauh. Dies kommt daher,
daß die angetriebene Lautsprechermembran nachgibt und dabei ihre

Form ändert, was sich besonders bei der Wiedergabe einer Orchester-
musik bemerkbar macht. Bei der Wiedergabe einzelner Instrumente
oder bei der Wiedergabe der Sprache kann man die Rauhheit der Töne
meist nur schwer feststellen.

12. Die Strahler.

Wie wir die Lampen für Beleuchtungsanlagen nicht ohne Schirme
oder Abdeckungen aufhängen, verwenden wir auch die Lautsprecher
nur in Verbindung mit dazu passenden Strahlern. Diese haben hier
zwei Aufgaben: Sie sollen 1. das Abstrahlen der tiefen Töne ermöglichen
und 2. dem Schall nach Möglichkeit die jeweils gewünschte Richtung
geben. Als Strahler werden benutzt:

1. Schallwände,
2. hinten offene Schallkästen,
3. hinten geschlossene Schallkästen,
4. Trichter (Kurztrichter und manchmal auch große Trichter),
5. Rundstrahler.

Der Einfluß des Strahlers auf das Abstrahlen der tiefen Töne sei
hier an einer Schallwand erläutert. Der linke Teil des Bildes D 13 zeigt

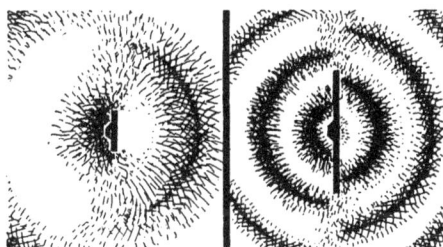

Bild D 13.

eine im Vergleich zur Schallwelle kleine Schallwand. Die Lautsprechermembran bewegt sich augenblicklich nach links, so daß hinter dem
Lautsprecher (links) ein Überdruck und vor ihm (rechts) ein Unterdruck
entsteht. Da die trennende Schallwand im Verhältnis zu der Länge der
augenblicklich erzeugten Schallwelle klein ist, besteht hier keine genügende Abgrenzung zwischen Über- und Unterdruckgebiet, so daß sich
— wie das Bild andeutet — sofort ein Druckausgleich ergibt, der die
Schallwelle schon in ihrer Entstehung schwächt. Im rechten Teil des
Bildes D 13 ist eine Schallwand gezeigt, deren Breite etwa gleich dem
2½fachen der Wellenlänge des erzeugten Tones ist. Wohl ergibt sich
auch dabei ein Druckausgleich, sobald die Wellenenden den Rand der
Schallwand überschritten haben. In diesem Fall aber spielt der Ausgleich
keine nennenswerte Rolle, weil die Wellenenden nur mehr einen geringen

Bruchteil der gesamten Wellen darstellen. Eine Faustregel lautet, daß der Schallwanddurchmesser wenigstens gleich dem vierten Teil der längsten noch wiederzugebenden Schallwelle sein sollte. Dieser Regel entspricht nachstehende Zahlentafel, die im übrigen den Zusammenhang zwischen Schallwellenlänge und Tonfrequenz zeigt.

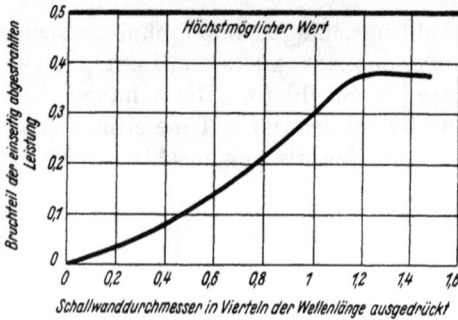

Bild D 14.*)

Tonfrequenz in Hertz	Wellenlänge in m	Schallwand- durchmesser in cm
20	17	430
50	6,7	170
100	3,4	85
200	1,7	43

Die im Bild D 14 dargestellte Kennlinie läßt den Zusammenhang zwischen der Abstrahlung und dem Schallwanddurchmesser für eine kreisförmige Schallwand noch genauer erkennen.

Nach dieser allgemeinen Betrachtung wollen wir die einzelnen oben aufgezählten Strahlerarten vom Standpunkt der Praxis aus näher kennen lernen.

13. Schallwände und Schallkästen.

Schallwände (Bild D 13 und D 15) sind hinsichtlich der Wiedergabegüte immer noch am günstigsten (gute Wiedergabe auch der tiefen Töne, keine Strahlerresonanzen). Beim Einbau in eine Wand des Wiedergaberaumes ergibt sich der Vorteil, daß die Lautsprecher unauffällig untergebracht werden können. Mit Rücksicht auf das Abstrahlen der tiefen Töne soll die Schallwand genügend groß gewählt werden (Bild D 9). Da mit der Leistung des Lautsprechers auch seine Auswirkung in dem Bereich der tiefsten Frequenzen ansteigt, ist es zu empfehlen, für höhere Leistungen größere Schallwände zu verwenden. Übliche Werte sind etwa 60 × 60 cm und etwa 100 × 100 cm. Besonders große Schallwände ergeben sich durch den schon erwähnten Einbau der Lautsprecher in die den Wiedergaberaum umgebenden Mauern.

Es ist selbstverständlich, daß bei Schallwänden, die nahe einer den Schall beträchtlich zurückwerfenden Wand angeordnet sind, der zurückgeworfene Schall sich mit dem von der Vorderseite ausgestrahlten Schall teilweise ausgleicht, wie das für die tiefen Töne auch bei frei hängender Schallwand zutrifft. Dieser durch die Wand bewirkte Schallausgleich

---

*) Soll z. B. bei 70 Hz (Wellenlänge etwa 4,8 m) der Schall noch sehr gut abgestrahlt werden, so muß der Schallwand-Durchmesser 4,8 : 4 = 1,2 m betragen. Hierfür wird einseitig etwa 30% der Schalleistung abgestrahlt.

wird vor allem für die tiefsten Töne bemerkbar, so daß sich die den Schall zurückwerfende Wand ähnlich einer Verkleinerung der Schallwand auswirkt.

Schallkästen (Bild D 16), die hinten offen sind, werden dort verwendet, wo Schallwände unschön aussehen. Der Kasten macht bei gleicher Wirkung einen kleineren Eindruck als die Schallwand (vgl. Bild D 15 mit Bild D 16). Die vier Seitenwände sollen etwas trichterartig

Bild D 15.　　Bild D 16.　　Bild D 17.　　Bild D 18.

sich erweiternde Innenflächen haben, womit der unangenehme »Kastenton« vermieden wird. Bild D 17 zeigt einen mit drei Lautsprechern bestückten Kasten.

Geschlossene Schallkästen sind am Platze, wenn der nach hinten abgestrahlte Schall stören würde oder wenn man mit besonders geringer Kastentiefe auskommen möchte. Bei geschlossenen Schallkästen haben wir zwischen innen ungedämpften und innen gedämpften Kästen zu unterscheiden. Beide Ausführungsformen werden benutzt.

In dem innen ungedämpften Kasten erhöht die eingeschlossene Luft die Membranrückstellkraft und setzt dadurch die Resonanzfrequenz des Lautsprechers hinauf. Diese Resonanzfrequenz-Erhöhung hängt von der Membranfläche, von der Membranmasse und von dem Rauminhalt des Kastens ab. Meist handelt es sich darum, den Rauminhalt zu bestimmen. Das kann nach der folgenden näherungsweise geltenden Rechenvorschrift geschehen:

$$\text{Kasten-Rauminhalt} = 40\,000 \cdot \frac{(\text{Membranfläche in cm}^2)^2}{(\text{Resonanzfrequenzerhöhung in Hz})^2 \times \text{Membranmasse in g}} \cdot$$

Wie wir aus dieser Beziehung erkennen, haben geschlossene, innen ungedämpfte Kästen bei gegebener Resonanzfrequenz-Erhöhung (z. B. um 100 Hz) einen um so geringeren Rauminhalt, je kleiner die Membranfläche, je niedriger also die Lautsprecherleistung ist, da der Membrandurchmesser mit der Leistung abnimmt. Bei der praktischen Ausführung eines solchen Kastens ist die Möglichkeit einer Kastenresonanz zu beachten. Man muß diese durch passende Wahl der Abmessungen und die Art des Holzes oder des sonstigen Kastenwerkstoffes bekämpfen.

In den innen gedämpften Schallkästen (Bild D 18) treten solche Resonanzen nicht auf. Auch läßt sich durch die Dämpfung die Erhöhung der Resonanzfrequenz des Lautsprechers weitgehend vermeiden.

Hierbei kann man die Dämpfung durch Löcher unterstützen, die in der Kastenwand angeordnet und mit dicken porigen Schichten dämpfend abgedeckt werden. Man hat zur Dämpfung auch schon mit Erfolg in sonst ungedämpfte Kästen zusätzliche Lautsprechermembranen ohne Triebspulen in entsprechende Ausschnitte der Kastenwände eingesetzt und die Bewegung der Membranen gedämpft.

14. Besondere Richtstrahler.

Richtstrahler haben nennenswerte Richtwirkungen nur für Töne, deren Wellenlängen klein sind gegen die Strahlerabmessungen. Da man die Strahler meist nicht besonders groß machen kann, erhält man beträchtliche Richtwirkungen in der Regel nur für die mittleren und hohen Töne, und zwar für die letzteren sogar ohne besondere Richtstrahler.

Hieraus folgt, daß den Richtstrahlern zwei Aufgaben zufallen:

1. Für die mittleren Töne eine gewünschte Richtwirkung zu erzielen.
2. Die für die hohen Töne an sich vorhandene Richtwirkung im gewünschten Sinn zu beeinflussen.

Auch Schallwände und einfache Schallkästen weisen gewisse Richtwirkungen auf. Weit stärker aber wirken Trichter als Richtstrahler.

Bild D 21.

Bild D 19.   Bild D 20.   Bild D 22.   Bild D 23.*)

Kurztrichter (Bild D 19 mit D 22) kommen in Betracht, wenn man dem Schall eine bestimmte Richtung geben und mit möglichst wenig Lautsprechern auskommen möchte. Die Trichter haben den Vorteil, daß sie dem Schall eine bestimmte Richtung geben (Bild D 23). Das aber bringt eine erhöhte Echowirkung mit sich, was bei ihrer Verwendung zu beachten ist.

Längsstrahler werden als Doppelkurztrichter (Bild D 20 und D 21) ausgeführt, die gelegentlich nach unten schlitzförmig geöffnet sind. Man bestückt solche Längsstrahler manchmal mit nur einem auf beide

---

*) Gemessen in 10 m Abstand bei 3,5 m Höhe. Um die Richtkennlinien zu erhalten, stellt man bei gleichbleibender Entfernung und Schallleistung die rings um den Lautsprecher vorhandene Leistungsdichte fest und trägt im Kennlinienbild in der jeweils geltenden Richtung eine der zugehörigen Leistungsdichte entsprechende Länge ab.

Trichter wirkenden Lautsprecher, was den Vorzug der Billigkeit hat, meist aber mit zwei Lautsprechern, deren jeder einem der beiden Kurztrichter zugeordnet ist. Die beiden Lautsprecher kann man gleichphasig schalten, wobei sich beide Membranen entgegengesetzt bewegen, so daß sie in den zwei Trichtern gleichzeitig z. B. Druckerhöhungen bewirken. Man kann die Lautsprecher aber auch gegenphasig schalten, wobei die Membranen stets dieselbe Bewegungsrichtung haben, so daß jeweils im einen Trichter ein Überdruck entsteht, wenn im anderen Trichter ein Unterdruck bewirkt wird.

Bei gleichphasigem Betrieb wird durch den Längsstrahler ein ungefähr rechteckiges Feld besprochen, das den Strahler als Mittelpunkt

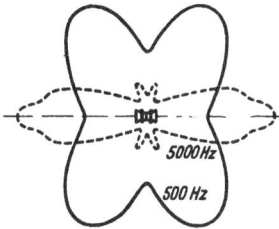 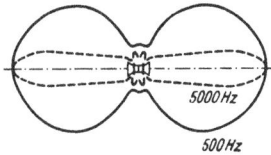 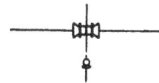

Bild D 24.   Bild D 25.   Bild D 26.

hat und dessen Abmessungen z. B. mit etwa 15 m Breite und 30 m Länge angesetzt werden können (Bild D 24).

Bei gegenphasiger Schaltung löschen sich die von den zwei Lautsprechern erzeugten Schallwellen in der Ebene, die die zu beiden Lautsprechern gehörigen Räume voneinander trennt, gegenseitig einigermaßen aus, so daß hierbei die besprochene Fläche die Grundform einer 8 hat, deren Hauptabmessungen den obengenannten Abmessungen des

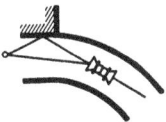 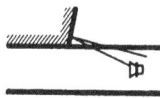 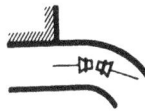 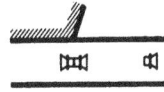

Bild D 27.   Bild D 28.   Bild D 29.   Bild D 30.

Rechteckes ungefähr entsprechen (Bild D 25). Bei der gegenphasigen Schaltung ist der der Mittelebene benachbarte Bereich eine tote Zone, in der das Mikrophon durch die Lautsprecher nur wenig gestört wird (Bild D 26).

Bei Längsstrahlern läßt man gelegentlich die Echowirkungen fälschlicherweise außer acht. Das gilt vor allem, falls die zu besprechenden Streifen gekrümmt verlaufen (Bild D 27), oder wenn neben den zu besprechenden Streifen quer zur Besprechungsrichtung eine Wand vorhanden ist (s. Bild D 28). Abhilfemöglichkeiten werden durch die Bilder D 29 und D 30 gezeigt.

4*

Rundstrahler (Bild D 31 mit D 33) sind zweckmäßig, wenn mit mehreren Lautsprechern gearbeitet werden soll und sich die von den einzelnen Lautsprechern erzeugten Schallwellen bei Verwendung von

Bild D 31.   Bild D 32.   Bild D 33.

Trichtern ungünstig überlagern könnten. Besonders empfehlenswert sind Rundstrahler, wenn sonst Echo auftreten könnte. Allerdings muß man hierbei folgendes beachten, um nicht etwa gerade in diesem Punkt Enttäuschungen zu erleben:

Wird ein Rundstrahler in der Nähe einer Wand angeordnet, so trifft selbstverständlich ein Teil des von dem Rundstrahler ausgehenden Schalles diese Wand. Die Entfernung zwischen einer ebenen Wand und einem Rundstrahler soll mit Rücksicht auf den Schallrückwurf entweder kleiner als etwa 7 m oder größer als ungefähr 15 m sein. Bei Entfernungen unter 7 m wird der zurückgeworfene Schall noch nicht als störend empfunden, weil der Zeitunterschied gegenüber dem unmittelbar

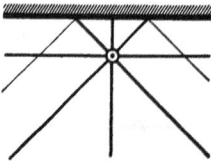 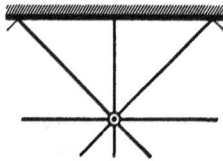 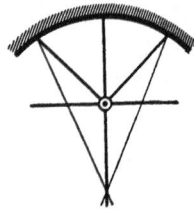 

Bild D 34.   Bild D 35.   Bild D 36.   Bild D 37.

einwirkenden Schall hinreichend gering ausfällt (Bild D 34). Bei Entfernungen über 15 m ist die Leistungsdichte des zurückgeworfenen Schalles im Verhältnis zum unmittelbaren Schall so niedrig, daß das Echo nicht mehr ins Gewicht fällt (Bild D 35).

Ist die schallrückwerfende Wand gekrümmt, so gelten andere Entfernungen. Bei einer dem Lautsprecher zugekehrten Krümmung (Bild D 36) kann das Echo auch noch auf größere Entfernungen beträchtlich stören, weshalb hierbei Rundstrahler meist nicht eingesetzt werden dürfen. Entgegengesetzt gekrümmte Wände (Bild D 37) zerstreuen den zurückgeworfenen Schall besonders stark, so daß er in diesem Fall kaum als störendes Echo wirken kann.

Der Rundstrahler richtet den Schall — ähnlich wie ein Lampenschirm das Licht — auf eine Kreisfläche, deren Durchmesser mit der Höhe der Aufhängung zusammenhängt. Der Unterschied gegenüber dem Lampenschirm besteht darin, daß der Durchmesser für die Rundstrahler auch von der Leistung bestimmt ist. Als Anhaltspunkt möge dienen, daß ein kleiner Rundstrahler, der mit einer Schalleistung von 10 Watt betrieben wird, einen Kreis mit einem Durchmesser von 50 bis 60 m versorgen kann, wozu eine Höhe von etwa 3 m gehört, während ein größerer Rundstrahler, der 20 Watt zu verarbeiten hat, bei gleicher Höhe einen Kreis von 70 bis 90 m zu besprechen vermag.

Bei den Übertragungen im Freien versorgt man mitunter durch Hochtonlautsprecher die Stellen zusätzlich mit hohen Tönen, an denen sonst die tiefen Töne vorherrschen würden (s. S. 71). Für diesen

Bild D 38.*)

Bild D 39.**)

Zweck gibt es z. B. Hochtonpilze. Das sind Lautsprecher mit Rundstrahlern, in deren unterem Teil einige Hochton-Lautsprecher angeordnet sind, die im wesentlichen die nächste Umgebung mit hohen Tönen versorgen.

Für besonders schwierige Fälle setzt man Löschstrahler ein, die aus zwei gleichartigen, untereinander angeordneten und gegenphasig gespeisten Rundstrahlern bestehen. Hierbei wird vor allem für die tiefen Töne in einem gewissen Winkelbereich ein Ausgleich der Luftdruckschwankungen erzielt (Bild D 38 und D 39).

15. Eingangs- und Ausgangsleitungen.

Eingangs- sowie Ausgangsleitungen übertragen Tonfrequenzspannungen und werden von den zugehörigen Tonfrequenzströmen durchflossen. In den Eingangsleitungen handelt es sich um wesentlich geringere Spannungen und Ströme als in den Ausgangsleitungen.

---

*) Einzelne breite Schallwellen-Ausgleichzone bei zwei gegenphasig betriebenen Lautsprechern für große Schallwellenlänge — d. h. für tiefe Frequenzen.

**) Mehrere schmale Schallwellen-Ausgleichszonen bei zwei gegenphasig betriebenen Lautsprechern für kleinere Schallwellenlänge — d. h. für höhere Frequenz.

Die Forderungen, die wir an alle diese Leitungen zu stellen haben, sind:

1. Die Spannungsübertragung soll unter den gegebenen Verhältnissen innerhalb des Tonfrequenzbereiches möglichst frequenzunabhängig geschehen.
2. Die Leitung darf störende Spannungen nur in einem noch erträglichen Maße aufnehmen.
3. In der Leitung dürfen nur geringe Verluste auftreten.

Zu Forderung 1:

Die in elektroakustischen Anlagen benützten Leitungen sind im einzelnen selten länger als wenige hundert Meter. Daher kommen hier nur folgende Punkte in Betracht:

a) Zwischen Hin- und Rückleitung besteht eine Kapazität.
b) Der zugehörige kapazitive Leitwert ist der Frequenz verhältnisgleich und liegt neben der Belastung. Die Leistungskapazität stellt also eine mit der Frequenz steigende Zusatzbelastung dar.
c) Der kapazitive Widerstand muß auch für die jeweilige Höchstfrequenz noch wesentlich über dem Anpassungswiderstand liegen, der für die gewählte Anordnung gilt (etwa fünfmal so hoch). Für 10000 Hertz Höchstfrequenz gilt demnach ungefähr: Höchstzulässige Kapazität in pF = 3000000 : Anpassungswiderstand in Ω. Beispiel: Anpassung 250 Ω. Höchstzulässige Kapazität 3000000 : 250 = 12000 pF.
d) Je Meter Leitung kann im Durchschnitt mit einer Kapazität von 50 pF gerechnet werden. Daraus ergibt sich im Zusammenhang mit c): Höchstzulässige Leitungslänge für 10000 Hz Höchstfrequenz etwa = 50000 : Anpassungswiderstand in Ω. Beispiel: Anpassungswiderstand 200 Ω. Höchstzulässige Leitungslänge 50000 : 200 = 250 m. Umgekehrt gilt auch: Höchstwert des Anpassungswiderstandes in Ω = ungefähr 50000 : Leitungslänge in m.
e) Die Leitungsinduktivität, die grundsätzlich ebenfalls eine Frequenzabhängigkeit der Spannungsübertragung bewirken könnte, spielt in diesem Zusammenhang für die Praxis keine Rolle.
f) Wird eine Leitung mit einem ihrem Wellenwiderstand gleichen Wert abgeschlossen, was z. B. bei Mikrophonleitungen und Leitungen zwischen Vorverstärker oder Steuerverstärker und Hauptverstärker möglich ist, so spielt die Leitungskapazität keine Rolle. Die Wellenwiderstände der Leitungen liegen etwa zwischen 100 und 150 Ω. Die Anpassung eines Verstärker-Eingangswiderstandes von 0,1 MΩ an eine Leitung mit einem Wellenwiderstand von 150 Ω geschieht durch einen Übertrager mit einer Übersetzung von $\sqrt{150 : 100000} = \sqrt{1 : 670} = 1 : 26$ (Wicklung mit der geringen Windungszahl an der Leitung).

Zu Forderung 2:

a) Die Leitung kann Störspannungen sowohl kapazitiv wie auch induktiv aufnehmen.

b) Die kapazitive Störaufnahme läßt sich durch Verwendung geschirmter Leitungen und Erdung des Abschirmmantels meist genügend weit herabsetzen.

c) Die induktive Störaufnahme wird durch die Abschirmung kaum geschwächt. Erdungen können die induktive Störaufnahme begünstigen.

d) Jede Störaufnahme kann durch eine gegen die Erde gleichseitige Ausbildung und Schaltung der Leitungsadern völlig vermieden werden.

e) Die Störungsspannungen spielen eine um so größere Rolle, je geringer die zu übertragenden Spannungen sind. Daher ist die Forderung 2, vor allem für die Eingangsleitung, zu beachten.

Zu Forderung 3:

a) Die Verluste bestehen im besonderen darin, daß bei der Übertragung der Tonfrequenzströme in dem Wirkwiderstand der Leitung Leistung verbraucht wird.

b) Die Verlustleistung ergibt sich zu: $\text{Strom}^2 \times$ Leitungswirkwiderstand (z. B. Strom $= 0,4$ A; Leitungswirkwiderstand $= 2\ \Omega$; Verlustleistung $= 0,4 \times 0,4 \times 2 = 0,32$ W).

c) Die Verlustleistung spielt fast nur in den Ausgangsleitungen eine Rolle, und zwar bei größeren Entfernungen zwischen Verstärker und Lautsprecher sowie bei größeren Leistungen.

d) In solchen Fällen ist zu beachten, daß der Leitungswirkwiderstand (Gleichstromwiderstand) kleiner als etwa $1/_{20}$ des Lautsprecher-Eingangswiderstandes bleibt. Sind mehrere Lautsprecher nebeneinander geschaltet, so gilt dasselbe für den Widerstandswert der gesamten Nebeneinanderschaltung (z. B. 5 Lautsprecher mit je 120 Ω Eingangswiderstand in Nebeneinanderschaltung ergeben $120:5 = 24\ \Omega$. Die Leitung darf somit nicht mehr als etwa $24:20 = 1,2\ \Omega$ Wirkwiderstand aufweisen.

e) Während durch die Forderung 1 im allgemeinen bei gegebenem Anpassungswiderstand die höchstzulässige Leitungslänge oder bei gegebener Leitungslänge der Anpassungswiderstand festgelegt wird, bestimmt die Forderung 3 den notwendigen Mindestquerschnitt. Beispiel: Die Übertragungslänge beträgt 200 m. Diese 200 m sind hierbei als Drahtlänge doppelt zu rechnen, da sie 200 m Hinleitung und 200 m Rückleitung umfassen. Zu einem höchstzulässigen Widerstand von 1,2 Ω erhalten wir für 400 m Kupferdraht nach der Beziehung:

Querschnitt in mm^2 = Drahtlänge in m : (57 $\times$ Widerstand in Ω);

in unserem Fall: Querschnitt $= 400:(57 \times 1,2) = 400:68 =$ rund
6 mm². Hier wäre daran zu denken, die Endverstärkung in die
Nähe der Lautsprecher zu verlegen.

Zusammenfassung:

1. Die Übertragungsanlage umfaßt stets: Aufnahmeeinrichtung, Verstärker, Lautsprecher und Leitungen.
2. Der Rundfunkempfänger, der die genannten Hauptteile in sich
   vereinigt, kann für kleinere Räume als einfache Übertragungsanlage benutzt werden.
3. Als Aufnahmeeinrichtungen kommen in Betracht: Rundfunkempfänger, Drahtfunkanschluß, elektrische Plattenspieler und
   Mikrophon.
4. Für größere Anlagen werden mehrere Verstärker benötigt, die entweder unmittelbar an die Aufnahmeeinrichtung angeschlossen oder
   — als Endstufen oder Endverstärker — über einen gemeinsamen
   Steuerverstärker betrieben werden.
5. Als Lautsprecher verwendet man vorwiegend dynamische Ausführungen, wobei man — besonders bei kleineren Leistungen — die
   permanent-dynamischen Lautsprecher den fremderregten dynamischen Lautsprechern, die für ihr Magnetfeld Gleichstrom benötigen,
   der Leitungsersparnis wegen vielfach vorzieht.
6. Zu jedem Lautsprecher gehört ein Strahler (eine Schallwand, ein
   Kasten, ein Trichter oder ein Rundstrahler). Der Strahler soll die
   Abstrahlung der tiefen Töne ermöglichen und dem Schall die gewünschte Richtung geben.
7. Neben den Netzleitungen, die zur Netzstromversorgung dienen,
   braucht man für Übertragungsanlagen Eingangs- und Ausgangsleitungen.
8. Diese Leitungen stellen durch ihre Kapazität eine zusätzliche Belastung dar, die bei zu hoher Kapazität und bei zu hohen Anpas-
   sungswiderständen die Wiedergabe der hohen Töne beeinträchtigt.
   Für durchschnittliche Verhältnisse gilt:

   Höchstzulässige Leitungslänge in m $=$
   $$50000 : \text{Anpassungswiderstand in } \Omega$$
   oder:

   Höchstwert des Anpassungswiderstandes in $\Omega =$
   $$50000 : \text{Leitungslänge in m.}$$

9. Bei Ausgangsleitungen ist der Mindestquerschnitt durch den Widerstand der über die Leitungen gespeisten Lautsprecher und durch
   die Leitungslänge bedingt. Für Kupferleitungen gilt ungefähr:

   Querschnitt in mm² $=$
   $$\text{Drahtlänge in m} : (57 \times \text{Widerstand in } \Omega).$$

II. Die Wiedergaberäume.

E. Gestaltung der Wiedergaberäume.

1. Vorbemerkung.

Der Hauptabschnitt F, der dem Ausbau der Wiedergaberäume (richtige Wahl der Wandbelegungen, der Bestuhlung usw.) gewidmet ist, hat für die Praxis eine noch größere Bedeutung als der Hauptabschnitt E, der von der Gestaltung der Wiedergaberäume handelt. Die Elektroakustiker sind den Architekten in der Regel schon sehr dankbar, wenn diese nur die in dem Hauptabschnitt F aufgestellten Forderungen beachten. In vielen nicht besonders günstig gestalteten Räumen kann nämlich durch zweckmäßigen Ausbau eine befriedigende Wiedergabe erreicht werden. Bei unzweckmäßigem Ausbau hingegen hilft selbst eine einwandfreie Raumgestaltung nur herzlich wenig.

Wir behandeln den Ausbau trotzdem erst im Anschluß an die Gestaltung, weil die Gestalt des Raumes festgelegt sein muß, bevor man seinen Ausbau planen kann.

2. Grundsätzliches.

Wir beschäftigen uns zunächst nur mit geschlossenen Räumen. Auf die großenteils offenen Räume, wie Thingstätten, Straßen, Sport- und Aufmarschplätze, gehen wir später ein (s. S. 58, 78).

Durch passende Gestaltung der Wände und der Decke des Raumes kann man meist auch bei Verwendung nur einer einzigen Schallquelle eine hinreichend gleichmäßige Schallverteilung erreichen und störende Echowirkungen vermeiden.

In geschlossenen Räumen (wie auch auf kleineren Plätzen) ist die Zusammenfassung der Schallquellen in der Nähe des Rednerstandortes vielfach erwünscht (s. S. 59 unten). Die Anordnung von Zusatzlautsprechern und die Aufteilung der Schallquelle in kleine Einheiten sind hier im allgemeinen nur als Notlösung zu bewerten.

Wie der Architekt einerseits durch eine akustisch richtige Gestaltung des Raumes die Voraussetzung für eine gute Wiedergabe schafft, kann er dem Elektroakustiker anderseits durch eine akustisch falsche Gestaltung des Raumes beträchtliche Schwierigkeiten machen, deren Behebung große Kosten verursacht und vielfach nicht völlig gelingt. Ungleichmäßige Schallverteilung, einfaches und Schetter-Echo sowie

stehende Wellen sind die üblichen Folgen akustisch falscher Raumgestaltung.

**Gute akustische Eigenschaften sind jedoch nicht an eine einzige,
bestimmte Raumgestaltung gebunden. Der Architekt wird in der freien
Raumgestaltung durch die akustischen Anforderungen weit weniger
gehemmt, als es zunächst scheinen mag.**

Die folgenden Abschnitte geben demgemäß keine starren Lösungen
an, sondern geben nur wichtige Hinweise und bemerkenswerte Beispiele.

Hierbei dient überall der Lautsprecher als gegebener Ausgangspunkt.
Der Architekt hat sich somit von vornherein darum zu kümmern, wo
die Lautsprecher angebracht werden sollen. Unterläßt er das, so muß
später vielfach entweder eine schlechtere Wiedergabe oder eine architektonisch ungünstigere Anordnung der Lautsprecher in Kauf genommen
werden.

3. Der richtige Rauminhalt.

Wir werden auf S. 62 darauf hingewiesen, daß die notwendige
Raumdämpfung mit wachsendem Rauminhalt immer schwerer zu erreichen ist. In Erkenntnis dieser Tatsache sucht man vielfach den

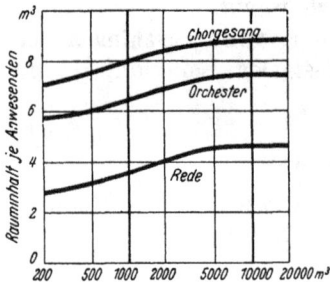

Bild E 1.

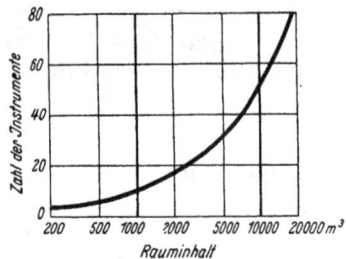

Bild E 2.

Inhalt des Wiedergaberaumes so gering wie möglich zu bemessen. Der
Rauminhalt kann jedoch aus zwei Gründen nicht übermäßig klein gehalten werden:

1. Je Hörer muß wegen des Luftverbrauches ein Mindestluftraum von
   3 m^3 vorhanden sein. Dieser Wert gilt, wenn man mit der Lüftung
   bis an die Grenze geht, bei deren Überschreiten der Luftwechsel als
   Zug empfunden wird. Selbst ein Luftraum von 5 m^3 je Hörer
   verlangt noch umfangreiche Lüftungsanlagen, da ein Hörer je
   Stunde etwa 30 m^3 Frischluft braucht.

2. Auch die akustischen Verhältnisse hängen etwas von dem Rauminhalt je Hörer ab. Bild E 1 veranschaulicht Zusammenhänge, die
   als günstig angesehen werden. Neben Bild E 1 bietet auch die in

Bild E 2, das die Abhängigkeit zwischen der Zahl der Instrumente eines Orchesters und dem dafür besten Rauminhalt zeigt, Anhaltspunkte für die Bemessung der Raumgröße.

4. Vermeidung des einfachen Echos.

In Räumen, deren Hauptabmessungen etwa 10 m nicht übersteigen, sind einfache Echos kaum zu befürchten. Um bei der Planung größerer Räume das Echo von vornherein auszuschalten, braucht man nur zu beachten:

1. daß der Einstrahlwinkel des Schalles seinem Ausstrahlwinkel gleich ist (Bild E 3),
2. daß die Weglänge des unmittelbaren Schalles die des zugehörigen zurückgeworfenen Schalles um nicht mehr als

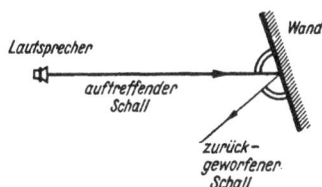

Bild E 3.

20 m übersteigen darf (Bild E 4 links und die Bilder E 5, E 6 und E 7).

In den Bildern E 3 mit E 10 sind die auftreffenden und die zurückgeworfenen Schallstrahlen eingetragen. Es genügt nicht, solche Untersuchungen nur für den Raumquerschnitt durchzuführen. Man muß stets auch den Grundriß und vielfach sogar Schrägschnitte untersuchen. Dabei beachte man, daß störende einfache Echos vorzugsweise an

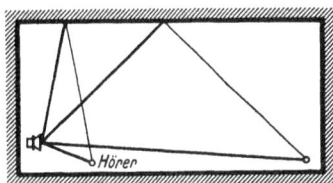

Bild E 4.

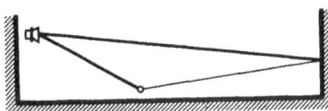

Bild E 5.

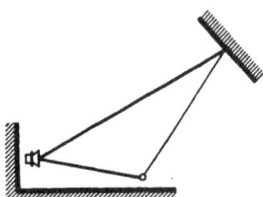

Bild E 6.

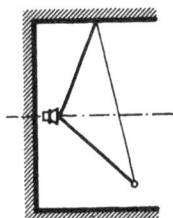

Bild E 7.

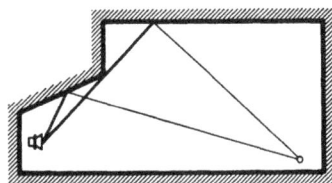

Bild E 8.

folgenden Flächen auftreten können: an ebenen Decken in hohen Räumen, und zwar für die in den ersten Reihen sitzenden Hörer (Bild E 4), an ebenen, wenig schalldämpfenden Rückwänden langer Säle (Bild E 5), an Decken, deren Wölbung sich im hinteren Teil des Saales nach unten zieht (Bild E 6), schließlich, wenn auch seltener, an den Seitenwänden (Bild E 7).

Um das Deckenecho für die vorderen Hörerreihen zu verhindern, kann man die Decke am Kopfende des Saales herunterziehen. Neigt man sie außerdem, so ergibt sich dadurch ein Schallrückwurf, der, statt zu stören, den unmittelbaren Schall in erwünschter Weise unterstützen kann (Bild E 8).

Das Rückwandecho (Bild E 9) läßt sich durch Ändern der Lautsprecherhöhe, durch Gliederung der Rückwand (s. S. 56) oder durch deren Belegung mit schalldämpfenden Werkstoffen bekämpfen. Mitunter kann

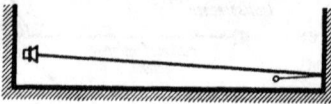

Bild E 9.

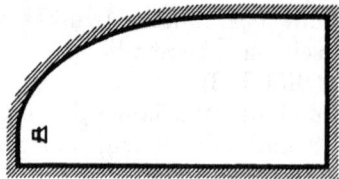

Bild E 12.

Bild E 10.

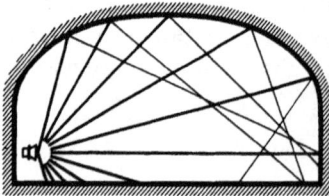

Bild E 11.

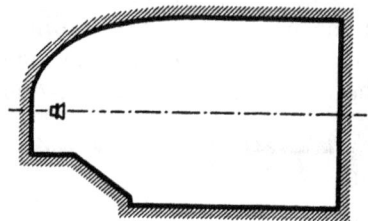

Bild E 13.

man es auch durch entsprechende Neigung der Rückwand ausschließen, wobei sich nebenbei die Lautstärke für die hintersten Sitzreihen erhöhen läßt (Bild E 10). Dies ist besonders für die unter Balkonen befindlichen Sitzplätze beachtenswert.

Die Echobildung an gewölbten Decken wird dadurch verhindert, daß man die Wölbung passend wählt. Eine im hinteren Teil des Saales herabgezogene Decke (Bild E 11) ist in der Regel ungünstiger als eine Decke, die dort waagerecht ausläuft (Bild E 12).

Das Echo an den Seitenwänden (Bild E 7), das nur in sehr breiten Sälen auftritt, kann — dem Deckenecho entsprechend — durch passende Gestaltung der Seitenwände am Kopfende des Saales vermindert werden (Bild E 13).

5. Einfluß auf die Schallverteilung.

Aus dem vorhergehenden Abschnitt entnehmen wir, daß eine günstige Beeinflussung der Schallverteilung durch passend gestaltete Rückwände und Decken möglich ist (s. Bild E 8 und E 10). Wir können also

Ungleichmäßigkeiten der Klangverteilung ausgleichen, indem wir Stellen des Raumes, in denen der unmittelbare Schall zu gering ausfällt, mit zurückgeworfenem Schall versorgen.

Der Schallrückwurf kann sich aber auf die Schallverteilung auch recht ungünstig auswirken: Zusammenhängende, gekrümmte Flächen fassen die Schallwellen zusammen und bilden hierdurch unerwünschte Schallbrennpunkte. So erhalten wir z. B. in Bild E 11 am hinteren Saalende einen Schallsammelpunkt.

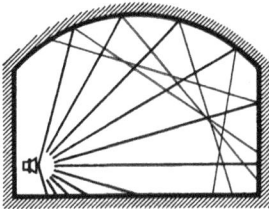

Bild E 14.

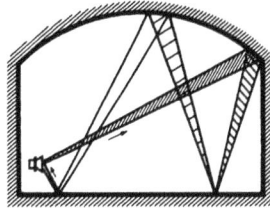

Bild E 15.

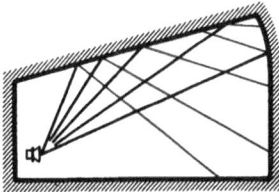

Bild E 16.

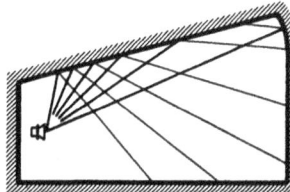

Bild E 17.

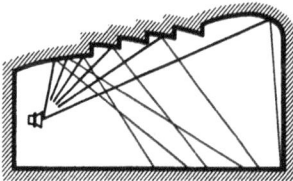

Bild E 18.

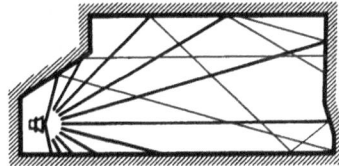

Bild E 19.

Bild E 14 und E 15 zeigen eine ungünstig wirkende Deckenform. In Bild E 14 ist — wie in den vorangehenden Bildern — jeweils nur der erste Schallrückwurf dargestellt, weil dieser meist die Hauptrolle spielt. Falls außer der Decke auch der Boden oder Teile davon den Schall beträchtlich zurückwerfen, können die akustisch schlechten Eigenschaften verstärkt werden, was Bild E 15 für einen Schallstrahl zeigt. In Bild E 15 finden wir bestätigt, daß am hintersten Saalende heruntergezogene Decken ungünstig sind. Bild E 16 mit E 18 lassen erkennen, wie eine nach hinten ansteigende Decke wirkt und wie man durch besondere Gestaltung der Decke (Bild E 18) den Schallrückwurf günstig beeinflussen kann.

Bild E 19 zeigt einen akustisch günstigen Seitenriß. Der Hauptteil der Decke ist flach, wodurch Schallbrennpunkte vermieden werden. Der über der Schallquelle liegende Teil der Decke ist niedrig, was Echowirkungen für die ersten Hörerreihen beseitigt, und schräg gestellt, wodurch die Lautstärke am Raumende erhöht wird. Im gleichen Sinn wirkt die Neigung, die die Rückwand in ihrem unteren Drittel aufweist.

6. Bekämpfung stehender Wellen, Schetter-Echos und Raumresonanzen.

Wie die Überschrift zeigt, sind in diesem Abschnitt drei akustische Mängel zusammengefaßt. Diese drei Mängel treten vor allem bei einander gleichlaufenden Raumbegrenzungen auf (Bild E 20).

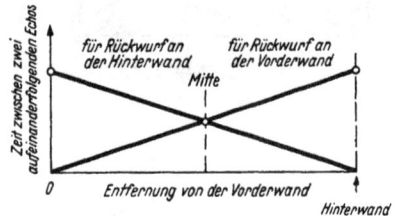

Bild E 20.   Bild E 21.

Sind zwei gleichlaufende Raumbegrenzungen — z. B. zwei Wände — um mehr als 10 m voneinander entfernt, so werden die einzelnen Echos getrennt empfunden. Bei geringer Überschreitung der Entfernung von 10 m gilt das nur für die beiden Saalenden. Ist die Saallänge größer als 20 m, so bemerkt man die einzelnen Echos auch in der Mitte des Raumes (vgl. Bild E 21). Solche wiederholten Echos werden Schetter-Echo genannt.

Bei beliebigen, aber innerhalb der üblichen Werte liegenden Entfernungen können kräftige stehende Wellen auftreten. Dies ist in Bild E 22 und E 23 veranschaulicht. Wir sehen dort eine Welle, die zwischen zwei Wänden hin- und hergeworfen wird. Bei jedem Rückwurf wird die Welle hier beispielsweise um 25% geschwächt. Beide Bilder zeigen Augenblickswerte, und zwar sowohl für die Einzelwellen wie für die Gesamtwelle. Der zu Bild E 23 gehörige Augenblick liegt um ein Achtel einer Periode später als der, der in Bild E 22 gezeigt wird. Während die ursprüngliche Welle (jeweils die oberste) in der Zwischenzeit um ein Achtel ihrer Länge weiter gewandert ist, hat die Gesamtwelle ihren Standort nahezu beibehalten. Das deutet darauf hin, daß die Gesamtwelle zum größten Teil aus einer stehenden Welle und nur zu einem unwesentlichen Teil aus einer im Sinne des ursprünglichen Schallweges von links nach rechts laufenden Welle besteht. Die stehenden Wellen machen sich um so unangenehmer bemerkbar, je geringer die zugehörigen Frequenzen sind. Bei tiefen Frequenzen sind die Wellenlängen groß, weshalb für sie die lauten und leisen Stellen des Raumes weit auseinander liegen. Die Bilder E 22 und E 23 weisen nebenbei darauf

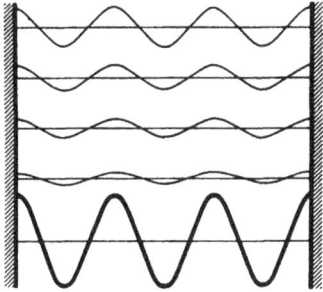

Bild E 22.

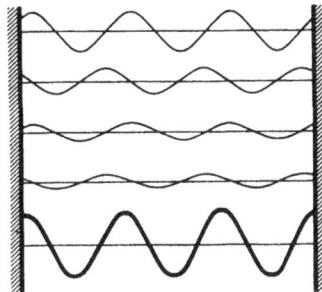

Bild E 23.

hin, daß man bei gleichlaufenden, wenig dämpfenden Wänden den Abstand zwischen Lautsprecher und Wand erproben sollte, um so ein ganzzahliges Verhältnis zwischen Saallänge und Wandabstand des Lautsprechers zu umgehen.

Schetter-Echos und stehende Wellen lassen sich dadurch grundsätzlich bekämpfen, daß man zueinander gleichlaufende glatte Wände vermeidet. Da man im allgemeinen die Raumbegrenzungen nicht schräg zueinander anordnen darf, muß man wenigstens eine der einander gleichlaufenden Wände genügend gliedern oder dämpfen. Dasselbe gilt auch bei wenig gedämpftem Fußboden (z. B. in nur schwach besetzten Räumen mit Steinboden) für die Decke des Raumes.

So seltsam es zunächst erscheinen mag, können Schetter-Echos auch zwischen gewölbten Decken und ebenen Böden auftreten, wenn diese beiden Raumbegrenzungen keine große Dämpfung aufweisen. Hier erklärt sich das Auftreten des Schetter-Echos daraus, daß der Schall nach einigen Rückwürfen zur Schallquelle zurückkommt und von dort aus seinen Weg von neuem beginnt (vgl. Bild E 15). Dieser Fall ist zu befürchten, wenn der Krümmungshalbmesser der Decke ungefähr gleich der Raumhöhe gewählt wird.

Will man auf gewölbte Decken nicht verzichten, so muß man wenigstens vermeiden, den Krümmungshalbmesser etwa gleich der Höhe

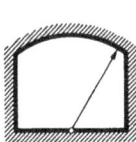

Bild E 24.

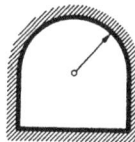

Bild E 25.

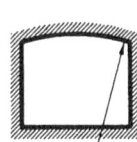

Bild E 26.

zu machen (Bild E 24). Stimmt der Krümmungshalbmesser ungefähr mit der halben oder mit der doppelten Raumhöhe überein (Bild E 25 und E 26), so hat die Deckenwölbung in der Regel keine akustisch ungünstigen Folgen. Im ersten Fall ergibt sich ein unschädlicher Schallbrennpunkt in Höhe des Gewölbeansatzes; im zweiten Fall laufen die zurückgeworfenen Schallwellen ziemlich senkrecht nach unten.

Allgemein sind auch hier Gliederungen der Flächen und schalldämpfende Belegungen Mittel gegen die Folgen einer akustisch ungünstigen Gesamtgestaltung.

Will man — bei besonders hohen Anforderungen an die akustischen Raumeigenschaften — die Gliederung der Raumbegrenzungen so gestalten, daß sie über den gesamten Tonfrequenzbereich wirksam wird, so muß man beachten, daß die zugehörigen Wellenlängen Werte von etwa 3 cm bis 8 m haben. Die Gliederung muß demnach in verschiedenen Graden erfolgen — ähnlich wie bei den gebündelten Pfeilern gotischer Bauwerke. Bild E 27 stellt eine Gliederung dar, die als Beispiel dienen kann. Jeder Hauptpfeiler hat etwa 10 Einzelglieder. Durch rauhe Ober

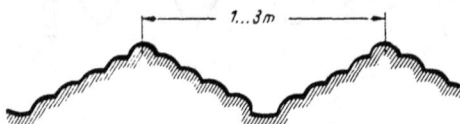

Bild E 27.

fläche oder weitere Gliederung könnte jedes Einzelglied nochmals in je 10 Teile unterteilt werden. Das erübrigt sich jedoch meist dadurch, daß stehende Wellen und Raumresonanzen für hohe Töne keine besondere Rolle spielen.

7. Die Hauptabmessungen.

In wenig gedämpften Räumen, deren Höhe, Länge und Breite miteinander übereinstimmen, können die obenerwähnten stehenden Wellen gleichzeitig zwischen den beiden Wandpaaren und zwischen Fußboden und Decke auftreten. Das ergibt besonders scharf ausgeprägte Raum-Resonanzlagen. Um diese zu vermeiden, sollten die drei Hauptabmessungen verschiedene Werte haben. Empfohlen werden folgende Maßverhältnisse: 2:3:5 und 3:5:8. Das letztgenannte Maßverhältnis entspricht ziemlich genau dem »goldenen Schnitt«.

Allerdings — in dem Bestreben, die Maße ungleich zu machen, darf auch nicht zu weit gegangen werden: Sehr lange Räume z. B. sind wegen des an der Hinterwand möglichen Echos und wegen der in der Längsrichtung großen Dämpfung ungünstig. Man muß solche Räume daher stets von den Seiten her durch verteilt angeordnete Lautsprecher besprechen (s. z. B. Bild G 7). Auch übertrieben hohe Räume können recht ungünstig sein (s. S. 51).

8. An- und Einbauten.

Nischen, Nebenräume mit offenem Durchgang, Emporen und Balkone sind für die Akustik des Hauptraumes fast immer günstig, da sie die Dämpfung (s. S. 60) erhöhen und die Raumbegrenzungen gliedern.

Bei tiefen Nischen und gegen den Hauptraum nur teilweise offenen Nebenräumen muß jedoch die dort auftretende Hallwirkung beachtet werden: Sind die Anbauten nur wenig gedämpft und besitzen sie außerdem Wände, die den Schall durch die dem Hauptraum zugekehrte Öffnung zurückwerfen, so kann störender Nachhall oder sogar recht unangenehmes Echo entstehen.

Tiefe Nischen und vor allem Nebenräume müssen, wenn sich darin Hörer befinden, selbstverständlich gesondert besprochen werden. Unter Balkonen kann die gesonderte Besprechung häufig eingespart werden (s. z. B. Bild E 10). Allerdings soll in diesem Fall die Tiefe des unter dem Balkon befindlichen Raumes nicht mehr als etwa das 1,5fache der Höhe dieses Raumes betragen.

Es darf nicht übersehen werden, daß die Balkonsitze sehr stark ansteigen müssen, wenn man ohne gesonderte Besprechung des Balkons auskommen möchte.

Man beachte, daß die Darbietungen nur auf den Plätzen gut zu hören sind, von denen aus man in den Membrankegel des Lautsprechers gut hineinsehen könnte.

9. Der Entwurf des Wiedergaberaumes.

In den vorstehenden Abschnitten sind die einzelnen Gesichtspunkte dargelegt, die beim Entwurf eines Wiedergaberaumes Beachtung verdienen. Wir können aus diesen Abschnitten entnehmen, daß bei der Gestaltung bestimmte akustische Fehler vermieden werden müssen, daß aber außerdem durch die Gestaltung die akustischen Verhältnisse auch günstig beeinflußt werden können.

Das Hauptgewicht sollte auf das Vermeiden der aufgezählten Fehler gelegt werden. Nur nebenbei sollte man auch danach trachten, besonders günstige Verhältnisse zu schaffen. Man berücksichtige stets, daß bei der Ausführung geringe Abweichungen von den Entwürfen möglich sind, die irgendwelche erhofften günstigen Wirkungen hinfällig machen und knapp vermiedene Fehler doch auftreten lassen.

Die Berücksichtigung der akustischen Verhältnisse ist besonders wichtig, wenn der Wiedergaberaum nur von einer Stelle aus besprochen werden soll. In diesem Fall empfiehlt es sich, für einen Längsschnitt und für den Grundriß sowie vielleicht noch für einige Schrägschnitte Schallstrahlen z. B. gemäß Bild E 14 und E 15 einzutragen. Dabei kann man die zu gleichen Weglängen gehörigen Punkte miteinander verbinden. So ergeben sich die Lagen der Wellenfronten (Bild E 28).

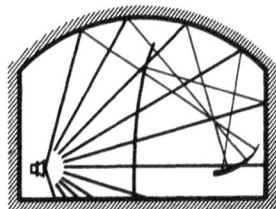

*) Die Dicke der die Wellenfronten kennzeichnenden Striche deutet die jeweils vorhandene Schalleistungsdichte an.

Bild E 28.*)

Mehr als 3 bis 4 Schallrückwürfe eines Schallstrahles braucht man auch bei schwach dämpfenden Raumbegrenzungen fast nie zu berücksichtigen. Schallstrahlen, die stark dämpfende Teile treffen, kann man außer acht lassen.

10. Versuche mit Nachbildungen.

Recht bequem gestaltet sich die grundsätzliche akustische Untersuchung eines Raumes mit Hilfe einer Nachbildung. Diese fertigt man entweder aus blankem Aluminiumblech oder aus glänzend lackiertem, steifem weißen Zeichenpapier an. Der Teil des Raumes, der von den Zuhörern besetzt ist, wird durch eine Mattglasscheibe nachgebildet. Die Lautsprecher werden durch kleine Lämpchen ersetzt. Damit die Mattscheibe nur das Licht der Lämpchen empfangen kann, bringt man die ganze Anordnung in einen verdunkelten Raum. Dort zeigt die Beleuchtung der Mattscheibe die Unterschiede der Schallverteilung über den von den Zuhörern eingenommenen Flächen und weist dadurch auf notwendige Verbesserungen der Raumgestaltung hin. Bei Verwendung eines weißen Zeichenpapiers kann man an Hand des Modelles sogar den Einfluß dämpfender Belege auf die Schallverteilung untersuchen. Dem Dämpfungsgrad gemäß streicht man die Wände der Nachbildung mit hellerem oder dunklerem Grau an.

Bei solchen Versuchen muß man allerdings beachten, daß die Lichtverteilung wohl grobe Fehler zu erkennen gibt, daß aber eine gleichmäßige Lichtverteilung keine Gewähr für eine akustische einwandfreie Gestaltung bietet.

Der Lichtversuch berücksichtigt weder die Schallwellenbeugung, die allerdings nur für tiefe Töne in Betracht kommt und deshalb nicht allzuviel bedeutet, noch die Zeitunterschiede zwischen dem Eintreffen des unmittelbar einrückenden und des zurückgeworfenen Schalles. Diese Zeitunterschiede, die beträchtliche Störungen verursachen können, kann man jedoch an Hand der obenerwähnten Zeichnungen ziemlich leicht feststellen.

11. Die Gestaltung der Versammlungsplätze.

An die Gestaltung großer Aufmarschplätze braucht man vom Standpunkt der Lautsprecherwiedergabe aus keine besonderen Forderungen zu stellen. Die für große Plätze ohnehin notwendige Aufteilung der Schallquelle auf zahlreiche einzelne Lautsprecher läßt die akustischen Eigenschaften in den Hintergrund treten.

Bei kleineren Plätzen hingegen, deren Schallversorgung von einem Punkt aus geschehen soll, hat die Umgebung einen großen Einfluß auf die Wiedergabe. Hierfür ist es günstig, hinter dem Redner und damit hinter den Lautsprechern eine den Schall zurückwerfende, gewölbte

Wand anzuordnen. Das Feld sollte an der entgegengesetzten Seite frei auslaufen oder gar abfallen. Hierdurch wird das Echo vermieden.

Zusammenfassung:

1. Der Wiedergaberaum muß unter Berücksichtigung der akustischen Gesetze gestaltet werden.
2. Bei der Gestaltung des Wiedergaberaumes ist von vornherein die Anordnung der Lautsprecher in Betracht zu ziehen und den akustischen Untersuchungen zugrunde zu legen.
3. Große, ungegliederte und vor allem einander gleichlaufende Flächen sind zu vermeiden.
4. Die Decke soll am Kopfende größerer Säle heruntergezogen werden. Am hinteren Ende des Saales ist dagegen ein waagerechter Auslauf nicht ungünstig.
5. Es ist günstig, das Kopfende eines breiten Saales schmäler auszuführen als den übrigen Saal und die Wände des schmäleren Teiles so anzuordnen, daß sie sich nach dem Saal zu öffnen.
6. Durch zurückgeworfenen Schall kann eine ungünstige Schallverteilung verbessert werden, indem man Stellen, die zu schwach mit unmittelbarem Schall versorgt werden, zurückgeworfenen Schall zuführt.
7. Der Unterschied zwischen dem Gesamtweg eines von einer Wand zurückgeworfenen Schalles und dem Weg des Schalles, der dieselben Hörer unmittelbar trifft, darf nicht größer sein als 20 m.
8. Die Hauptabmessungen des Wiedergaberaumes sollen voneinander verschieden sein, wobei aber Übertreibungen ebenfalls ungünstig sind.

F. Ausbau der Wiedergaberäume.

1. Grundsätzliches.

Der Ausbau des Raumes, wozu vor allem die Belegungen der Wände, des Bodens und der Decke, die Bestuhlung des Raumes sowie die sonstigen Einrichtungen gehören, ist für dessen akustische Eigenschaften von größter Bedeutung.

Der Ausbau des Raumes bestimmt seinen Nachhall. Es gibt keine Möglichkeit, zu großen Nachhall durch besondere Einstellungen der Verstärker auszugleichen. Man kann höchstens seine Auswirkung durch Verwendung zahlreicher kleiner, in unmittelbarer Nähe der Zuhörer angeordneter Lautsprecher mildern. Das aber verschandelt meist das künstlerische Gepräge des Raumes und ist auch akustisch eine Notlösung, da man es im geschlossenen Raum als störend empfindet, wenn die Sprache des vorn sichtbaren Redners von der Seite oder gar von hinten her erklingt. Außerdem können die verteilten Lautsprecher mitunter eine Wirkung erzielen, die einem Nachhall nicht unähnlich ist (s. S. 78).

Durch den Ausbau des Raumes können außerdem störende Echowirkungen, die sich wegen der Forderung einer ganz bestimmten Raumgestalt — dem vorhergehenden Hauptabschnitt gemäß — nicht grundsätzlich umgehen lassen, meist wesentlich vermindert werden.

2. Die Dämpfung.

Würde der Schall sich in der Luft verlustlos fortpflanzen und würde er an allen Begrenzungen des Wiedergaberaumes verlustlos zurückgeworfen, so klänge ein einmal angeschlagener Ton in einem geschlossenen Raum mit unverminderter Lautstärke fort.

Doch — die Fortpflanzung des Schalles in der Luft ist mit Verlusten verknüpft, die sich für Frequenzen über 1000 Hertz in großen Wiedergaberäumen auswirken können. Außerdem treten — was noch viel mehr ins Gewicht fällt — bei jedem Zurückwerfen des Schalles Verluste auf. Diese Verluste bewirken das Abklingen eines einmal angeschlagenen Tones. Das Abklingen, der »Nachhall«, dauert um so kürzere Zeit, je größer die Verluste sind. Diese Verluste richten sich nach der Beschaffenheit der Raumbegrenzungsflächen, die durch die Raumwände, die Fenster und die Türen, die Decke und den Fußboden sowie auch durch die Oberflächen der Hörer und der Einrichtungsgegenstände des Raumes gegeben sind.

Den Grad, mit dem sich die einzelnen Raumbegrenzungsflächen an der Schalldämpfung beteiligen, kennzeichnet man durch die »Dämpfungszahlen«. Die Dämpfungszahl sagt aus, welcher Bruchteil des gesamten auftreffenden Schalles für den Wiedergaberaum Verlust bedeutet. Die Dämpfungszahl 1 zeigt an, daß der gesamte Schall für den Wiedergaberaum verlorengeht. Das gilt z. B. für den Schall, der auf ein offenes Fenster trifft. Die Dämpfungszahl Null läßt erkennen, daß der gesamte auftreffende Schall ohne jeden Verlust zurückgeworfen wird. Statt »Dämpfungszahl« sagt man auch »Schluckgrad«.

Die Dämpfungszahlen sind, worauf wir noch zurückkommen, frequenzabhängig. Überschlagsweise kann man jedoch mit mittleren Dämpfungszahlen rechnen, die meist für eine Frequenz von ungefähr 500 Hertz aufgenommen sind.

Aus den einzelnen Raumbegrenzungsflächen und den zugehörigen Dämpfungszahlen läßt sich die Gesamtdämpfung folgendermaßen berechnen: Wir ermitteln die Größen der einzelnen Flächen in Quadratmetern, vervielfachen jede Fläche sowie die Hörerzahl und gegebenenfalls die Zahl der Einrichtungsgegenstände mit der jeweils zu einem Quadratmeter, einem Hörer oder einem Stück gehörigen Dämpfungszahl und zählen alle so erhaltenen Werte zusammen.

Beispiel: Ein Raum habe 10 m Länge, 8 m Breite und 4 m Höhe. Er sei mit 30 Hörern besetzt. Die Dämpfungszahlen mögen betragen:

für die Decke 0,05   für die Wände 0,08
für den Boden 0,1   für einen Hörer . . . 0,45

Die Dämpfung beträgt:

für die Decke . . . . . $10 \times 8 \times 0,05 = 4$,
für den Fußboden . . . $10 \times 8 \times 0,1 = 8$,
für die Wände . . . . . $4 \times (10 + 10 + 8 + 8) \times 0,08 = 11,5$
für die Hörer . . . . . $30 \times 0,45 = 13,5$

Das gibt zusammen $4 + 8 + 11,5 + 13,5 = 37$. Dies ist die Gesamtdämpfung.

3. Dämpfung und Nachhall.

Um den Zusammenhang zwischen Dämpfung, Rauminhalt und Nachhall zu ergründen, wollen wir zunächst einige vereinfachende Annahmen machen. Diese sind:

1. Der Wiedergaberaum werde mit dem Schall gleichmäßig — d. h. ohne Bevorzugung einer bestimmten Richtung — erfüllt.
2. Die Verluste lägen in üblichen Grenzen. Sie seien also nicht übermäßig groß. Demzufolge betrage der dem Hörer von den Wänden aus zurückgeworfene Schall ein Mehrfaches des ihn unmittelbar erreichenden Schalles.
3. Die größte noch in Betracht gezogene Schallwellenlänge sei beträchtlich kleiner als die kleinste der drei Raum-Hauptabmessungen.
4. Die Verluste, die bei der Übertragung des Schalles in der Luft auftreten, seien zu vernachlässigen.

Unter Berücksichtigung dieser Annahmen ist die Nachhallzeit dem Rauminhalt verhältnisgleich und steht im umgekehrten Verhältnis zu der Gesamtdämpfung. Dies kommt in folgender Beziehung zum Ausdruck, die für kleinere Räume (bis etwa 500 m³ Inhalt) anwendbar ist:

$$\text{Nachhallzeit in Sekunden} = \frac{\text{Rauminhalt in Kubikmeter}}{6 \times \text{Gesamtdämpfung}}.$$

Für das am Ende des vorigen Abschnittes durchgerechnete Beispiel ergibt sich der Rauminhalt zu $10 \times 8 \times 4 = 320$ m³. Die Gesamtdämpfung haben wir zu 37 errechnet. Daraus folgt:

$$\text{Nachhallzeit} = \frac{320}{6 \times 37} = \text{rund 1,4 Sekunden.}$$

Für größere Räume, die höhere Dämpfungen verlangen (s. unten), gilt vor allem die Annahme 4 nicht. Deshalb muß hier etwas anders gerechnet werden: Wir teilen die Gesamtdämpfung durch die Gesamtfläche und erhalten so die durchschnittliche Dämpfungszahl. Zu dieser entnehmen wir aus dem Bild F 1 den Rechenwert, den wir so verwenden:

$$\text{Nachhallzeit in Sekunden} = \frac{\text{Rauminhalt in Kubikmeter}}{6 \times \text{Gesamtfläche} \times \text{Rechenwert aus Bild F 1}}.$$

Wie wir sehen, ist die Nachhallzeit bei Gültigkeit der obengenannten Annahme 1 unabhängig von der Verteilung der Dämpfungswerte. Das würde bedeuten, daß man bei zu großem Nachhall zusätzliche, stark dämpfende Belegungen an ganz beliebigen Stellen der Decke, der Wände oder des Bodens anbringen könnte. Je weniger aber die Annahme 1 zutrifft, desto stärkere räumliche Verschiedenheiten der Nachhallzeit sind zu erwarten und desto wichtiger wird es, die Dämpfungen richtig im Raum zu verteilen (s. S. 67). Man beachte übrigens, daß die Dämpfungszahlen niemals größer als 1 werden können.

4. Einfluß des Rauminhaltes.

Der Rauminhalt wächst mit der dritten Potenz der linearen Abmessungen, während die Raumbegrenzungsflächen nur dem Quadrat der linearen Abmessungen verhältnisgleich sind. Zu doppelten linearen Abmessungen gehört demnach achtfacher Rauminhalt bei nur vierfacher Fläche. Da sich bei gleichen Dämpfungszahlen die Flächen wie die Gesamtdämpfungen verhalten und die Nachhallzeit durch das Verhältnis »Rauminhalt:Gesamtdämpfung« bestimmt wird, ergibt sich bei Verdopplung der linearen Abmessungen unter sonst gleichen Bedingungen eine doppelte Nachhallzeit. Das heißt allgemein:

Für gleichgehaltene Dämpfungszahlen und gleiche Maßverhältnisse verhalten sich die Nachhallzeiten wie die linearen Abmessungen. Dies trifft natürlich nur für Räume zu, in denen die in der Luft auftretenden Verluste gegenüber der Dämpfung durch die Raumbegrenzungsflächen noch zu vernachlässigen sind.

Ein eindeutiger Zusammenhang zwischen Inhalt des Wiedergaberaumes und günstiger Nachhalldauer besteht nicht. Ausgeführte Säle mit guten akustischen Eigenschaften können uns lediglich ungefähre Anhaltspunkte geben. Die Schallwellen klingen nämlich nur unter den auf S. 61 gemachten Annahmen gleichmäßig und eindeutig ab.

Im übrigen wirkt sich der Nachhall nach zwei einander widersprechenden Richtungen aus: Mit seinem ersten Teil erhöht er die nutzbare Lautstärke. Mit seinem zweiten Teil verwischt er die einzelnen Töne und beeinträchtigt dadurch die Klarheit der Wiedergabe.

Der günstigste Wert des Nachhalles hängt demgemäß auch davon ab, in welchem Maße die Lautsprecherleistung an die Raumgröße angepaßt wird. In großen Räumen verliert bei Erhöhung der Schalleistung der verstärkende Teil des Nachhalles an Bedeutung. Das Bild F 2 zeigt demgemäß in Abhängigkeit von der Raumgröße zwei durch verschiedene

Schraffur voneinander unterschiedene Nachhallbereiche. Der größere Bereich gilt für die übliche Bemessung der Schalleistung. Der kleinere der beiden schraffierten Bereiche kommt in Betracht, wenn die Schalleistung für große Räume über das übliche Maß hinaus erhöht wird.

Da die für Wiedergaberäume günstigste Nachhalldauer mit der Raumgröße nur wenig ansteigt (Bild F 2), während die tatsächliche Nachhalldauer bei gleichen Dämpfungszahlen mit der Raumgröße wachsen würde, müssen große Räume viel wirksamer gedämpft werden als kleine Räume. Als notwendige durchschnittliche Dämpfungszahlen erhalten wir — mit Berücksichtigung des Bildes F 1 — aus Bild F 2 für Räume, deren Hauptmaße sich wie 2:3:5 verhalten, die in Bild F 3 eingetragenen Werte.

Die Nachhallbeziehungen, die hier angegeben sind, gelten natürlich nur, wenn der von der Schallquelle ausgestrahlte Schall auf solche Stellen trifft, die höchstens durchschnittliche

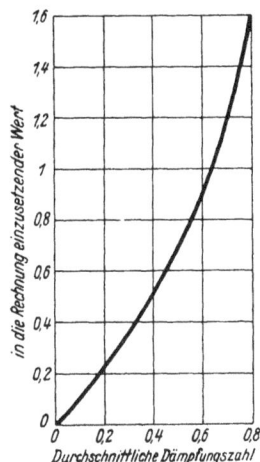

Bild F 1.

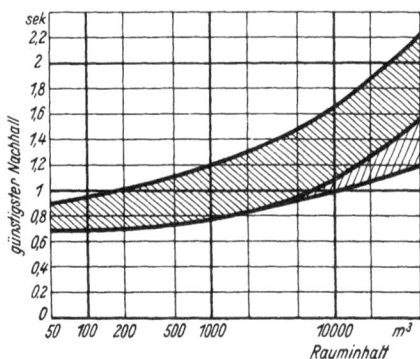

Bild F 2.

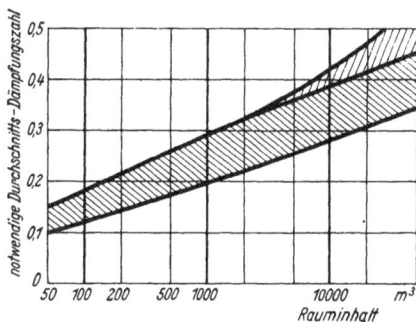

Bild F 3.

Schalldämpfungen bewirken. Sorgen wir z. B. dafür, daß der ausgestrahlte Schall im wesentlichen auf die stark schalldämpfende Hörerschaft trifft, so wird dort ein großer Teil des ausgestrahlten Schalles verschluckt und ist infolgedessen für die weiteren Schallrückwürfe nicht mehr vorhanden. In diesem Fall ergibt sich ein bedeutend geringerer Nachhall als bei einem nach allen Seiten gleichmäßig ausgestrahlten Schall. Am leichtesten ist der Einfluß der Schallausrichtung auf den Nachhall einzusehen, wenn man voraussetzt, der gesamte Schall werde unmittelbar auf eine Fläche abgestrahlt, die überhaupt keinen Schall zurückwerfen kann. Hierbei dürfen nämlich alle übrigen Raumbegrenzungen beliebig kleine Dämpfungen aufweisen, ohne daß sich irgendein Nachhall ergibt.

5. Die Frequenzabhängigkeit der Dämpfung.

Man strebt in der Regel eine frequenzunabhängige Dämpfung an. Die Dämpfung ist jedoch an sich frequenzabhängig. Für die meisten Stoffe steigt sie mit wachsender Frequenz an (Bild F 4). Dieser Dämp-

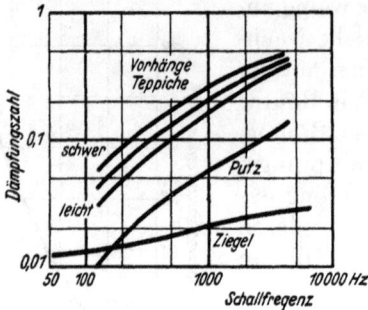

Bild F 4.

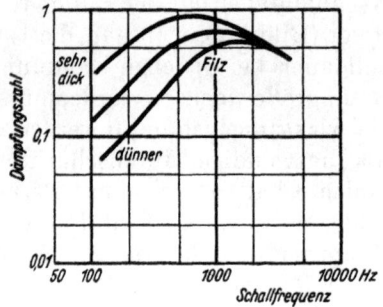

Bild F 5.

fungsanstieg wird in größeren Räumen dadurch besonders unangenehm, daß in ihnen der Schall für Frequenzen über 1000 Hertz auch in der Luft eine Dämpfung erfährt.

Andere Stoffe ergeben die höchsten Dämpfungszahlen für mittlere Frequenzen. Bild F 5 zeigt als Beispiel den Verlauf der Dämpfungszahlen für Filzauflagen. Besonders stark ausgeprägt ist eine solche

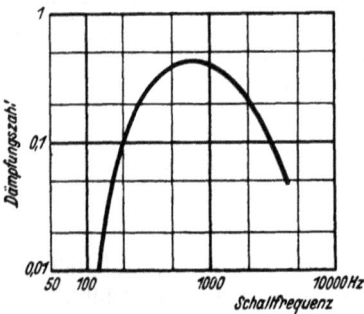

Bild F 6.

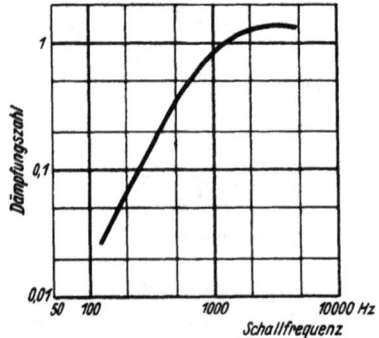

Bild F 7.

Frequenzabhängigkeit der Dämpfungszahl für eine dicht sitzende Hörerschaft (Bild F 6). Wir sehen, daß die auf den Quadratmeter bezogene Dämpfungszahl für Frequenzen zwischen 500 und 1000 Hertz den Wert 0,4 übersteigt und bei Abweichungen von diesem Frequenzbereich sehr steil abfällt. Ein einzelner Zuhörer (Bild F 7) hat demgegenüber eine Dämpfung, die über den praktisch wichtigsten Tonfrequenzbereich mit der Frequenz ansteigt. Die Zuhörer beeinflussen die Dämpfung des Raumes also in verschiedener Weise je nachdem, ob sie dicht beieinander oder zerstreut sitzen.

Bild F 8 zeigt die Dämpfungszahlen solcher Stoffe, die alle Töne ungefähr gleichmäßig dämpfen und deshalb akustisch besonders gün-

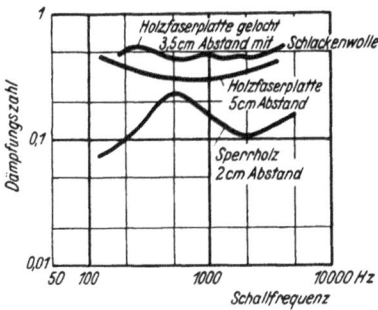

Bild F 8.

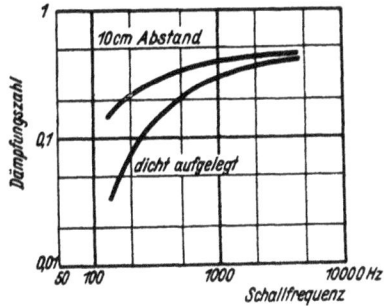

Bild F 9.

stig sind. Hierzu gehören auch Holzflächen. Eine ebenfalls ziemlich gleichmäßige Dämpfung haben stark dämpfende Gewebe, die in einiger Entfernung von den Wänden oder frei aufgehängt sind (Bild F 9 oben). Dieselben Gewebe weisen aber bei unmittelbarer Auflage — ähnlich den Teppichen und den verputzten Wänden (Bild F 4) — stark mit der Frequenz ansteigende Dämpfungszahlen auf (Bild F 9 unten).

Da die Dämpfungszahlen, wie die Bilder F 4, F 7, F 9 und zum Teil auch F 5 erkennen lassen, mit zunehmender Frequenz im allgemeinen ansteigen, müssen wir mitunter Wandbelegungen verwenden, deren Dämpfungszahlen mit zunehmender Frequenz absinken. Solche Belegungen bestehen in dicken, stark dämpfenden Schichten (Watte und auch Schlackenwolle), die mit dünnen und deshalb nachgiebigen, glatten, ziemlich luftundurchlässigen Schichten abgedeckt sind (Wachstuch,

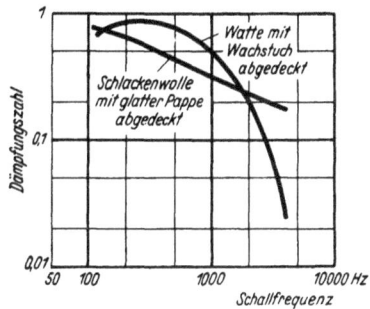

Bild F 10.

dünne Pappe). Diese Abdeckungen wirken sich wegen ihrer Nachgiebigkeit für tiefe Töne kaum aus, so daß die darunter liegende Schicht die tiefen Töne fast ungehindert dämpfen kann, während die Abdeckungen die hohen Töne von der dämpfenden Schicht abhalten. In Bild F 10 sind Dämpfungszahlen für derartige Wandbelegungen abhängig von der Frequenz aufgetragen.

6. Grundsätzliches über die Wirkung dämpfender Belegungen.

Im vorhergehenden Abschnitt wurden die dämpfenden Belegungen und Stoffe nur vom Standpunkt der Praxis aus behandelt. Wegen der Wichtigkeit des Zusammenhanges zwischen Dämpfung und Frequenz ist es notwendig, hier die Punkte, die für die Dämpfung maßgebend sind, darzulegen.

Im wesentlichen können wir drei Gruppen schalldämpfender Belegungen unterscheiden, wobei zu beachten ist, daß in Wirklichkeit sämtliche Belegungen bezüglich ihrer Eigenschaften wenigstens zwei dieser Gruppen zugleich angehören:

1. Porige Stoffe, wozu z. B. Gewebe, schalldämpfender Wandbelag und auch durchlässiger Putz sowie poröses Mauerwerk gehören.
2. Weiche Stoffe mit unporöser Oberfläche. Dabei handelt es sich vorwiegend um poröse Stoffe, die durch eine unporöse, aber nachgiebige Schicht abgedeckt sind.
3. Schwingungsfähige Platten, wozu z. B. Glasfenster sowie mit Abstand von der Wand angeordnete Holz- und Pappeplatten gehören.

Bei porigen Stoffen gleichen sich jeweils die beiden Halbwellen der hohen Töne im Innern aus. Die Porendämpfung wirkt somit für hohe Frequenzen stark (Bild F 4 und F 9). Die einzelnen Schallhalbwellen tiefer Frequenzen wirken hingegen so lange auf die Poren ein, daß die darin befindliche Luft Zeit findet, sich dem jeweiligen Schalldruck anzupassen. Deshalb kann bei tiefen Tönen in den porigen Stoffen kein beträchtlicher Druckausgleich stattfinden. Im übrigen hängt die Dämpfung, die die porigen Stoffe für tiefe und mittlere Frequenzen aufweisen, sehr stark davon ab, wie weich diese Stoffe sind und in welchem Verhältnis die Weichheit zu der Porigkeit steht. Weiche, porige Stoffe dämpfen tiefe und mittlere Töne durch ihre Weichheit und hohe Töne durch ihre Porigkeit.

Weiche Stoffe, die keine porige Oberfläche haben, dämpfen im wesentlichen die tiefen Töne (Bild F 10), da der weiche Stoff den langsamen Druckschwankungen gut nachgeben kann. Die Dämpfung der hohen Töne ist hingegen gering, weil die Abdeckung die rasch aufeinander folgenden Druckschwankungen nur mäßig mitmachen kann.

Schwingende Belegungen dämpfen durch ihre innere Reibung, die die Biegungsschwingungen abbremst. Diese auf den Biegungsschwingungen beruhende Dämpfung ist selbstverständlich besonders gut, wenn die Belegung stark zum Schwingen angeregt wird, wenn also die Frequenzen der Töne in den Bereich der Eigenfrequenz der Belegung fallen. Folglich kann man hier die Frequenzabhängigkeit der Dämpfung durch die Beeinflussung der Eigenfrequenzen der Belegungen ändern (Bild F 11). Diese Eigenfrequenzen sind von der Befestigung der Belegung, von den dahinter befindlichen Luftpolstern sowie gegebenenfalls von Bohrungen abhängig, die in den Belegungen selbst oder in den dahinter liegenden Wänden angebracht werden. Um eine gute Dämpfung über einen größeren Frequenzbereich zu erzielen, füllt man den Raum zwischen der Belegung und der dahinter befindlichen Wand vielfach mit Schlackenwolle oder einem anderen die Schwingungen dämpfenden Stoff (Bild F 8). Wir dürfen nicht vergessen, daß natürlich auch die

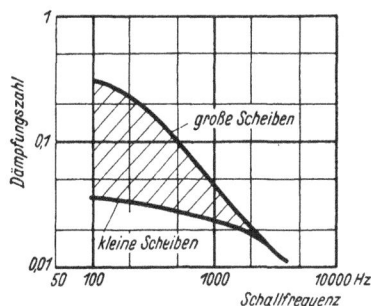

Bild F 11.

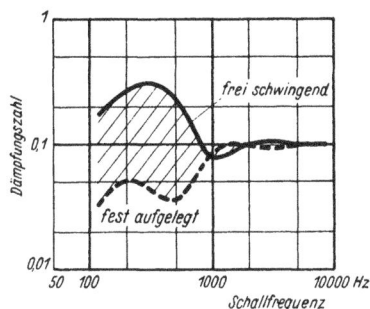

Bild F 12.

schwingungsfähigen Belegungen infolge ihrer Weichheit die tiefen Töne und vor allem bei nennenswerter Porigkeit auch die hohen Töne — also weitab von der Schwingungsfrequenz — dämpfen können. Aus Bild F 12, das hierfür ein deutliches Beispiel gibt, erkennen wir, daß die Dämpfung einer Sperrholzplatte für hohe Töne, bei denen hauptsächlich die Porigkeit dämpfend wirkt, ganz unabhängig von der Art der Befestigung wird.

7. Anordnung der dämpfenden Belegungen.

Meist ist es am wirtschaftlichsten, große Teile der Raumbegrenzungsflächen in der sonst üblichen Weise auszuführen und dafür kleinere Teile mit besonders stark dämpfenden Belegungen zu versehen. Allerdings darf die Auswirkung dieser dämpfenden Teile nicht überschätzt werden. Man beachte, daß die je Quadratmeter erzielbare Dämpfung den Wert 1 niemals überschreiten kann und sogar meist ziemlich unter diesem Wert bleibt.

Kleinere, stark dämpfende Teilflächen geben die Möglichkeit, durch günstige Anordnung akustische Gestaltungsfehler einigermaßen auszugleichen: durch dämpfende Belegungen an hohlspiegelartig wirkenden Decken oder Rückwänden lassen sich Schallbrennpunkte abschwächen. Durch Dämpfung einer von zwei gleichlaufenden Flächen können stehend Wellen und Schetter-Echos gemildert oder beseitigt werden.

Ist der Raum akustisch günstig gestaltet, so empfiehlt es sich, die dämpfenden Belegungen an den Seitenwänden möglichst entfernt von den Lautsprechern sowie an der Rückwand anzubringen.

Als Leitsatz gilt: In der Nähe des Lautsprechers geringe Dämpfung, da hier große Dämpfung einen Leistungsverlust bedeutet. Hohe Dämpfung hingegen an den dem Lautsprecher gegenüber liegenden Flächen, da dort Echos vermieden werden müssen.

8. Genauigkeit der Nachhall-Vorausberechnung.

Da sich der Schall in dem Wiedergaberaum wohl niemals ganz gleichmäßig verteilt, ist der Einfluß der einzelnen dämpfenden Stoffe auch von ihrer Lage abhängig (s. S. 63). Außerdem hängt die Dämpfungszahl von dem Einfallwinkel der Schallwellen ab. Diese Abhängigkeit kann nur in den seltensten Fällen von vornherein in Rechnung gesetzt werden. Schließlich ist für die dämpfende Wirkung der Wandbelegungen deren Befestigung an der Wand von ziemlicher Bedeutung (s. S. 67). Selbst bei genauen Vorschriften über die praktische Ausführung lassen sich solche Dämpfungsbeeinflussungen nicht ganz vermeiden.

Aus alledem folgt, daß die Nachhall-Vorausberechnungen, die für größere Wiedergaberäume unbedingt notwendig sind, keine völlig eindeutigen Ergebnisse zeitigen. Demgemäß können bei hohen Anforderungen an die Wiedergabegüte nachträgliche Änderungen der Raumdämpfung notwendig werden. Für diese Änderungen sind gegebenenfalls von vornherein passende Wandflächen in Betracht zu ziehen.

Um die mit den wechselnden Hörerzahlen verbundenen Dämpfungsänderungen zu vermeiden, verwendet man heute z. B. in Lichtspielsälen vielfach gepolsterte Stühle, deren Dämpfungszahlen denen der Hörer fast gleich sind. Bei hochklappbaren Sitzen muß diese Übereinstimmung selbstverständlich für die hochgeklappten Sitze bestehen.

Zusammenfassung:

1. Durch den Ausbau des Wiedergaberaumes soll in erster Linie der Nachhall auf das richtige Maß gebracht werden.
2. Die günstigste Nachhalldauer steigt mit der Raumgröße von etwa 0,8 bis 1,8 Sekunden.
3. Die Nachhalldauer ist bei Verwendung sonst üblicher Ausbauweisen und Ausbaustoffe besonders in großen Sälen zu lang.
4. Die Saaldämpfung geschieht durch dämpfende Wandbelegungen, Vorhänge, gepolsterte Stühle und sonstige Einrichtungsgegenstände.
5. Die Dämpfungszahlen vieler dämpfender Stoffe sind stark frequenzabhängig. Meist steigt die Dämpfung mit zunehmender Frequenz.
6. Holz, Faserstoffplatten und genügend frei hängende, schwere Gewebe dämpfen für alle Frequenzen nahezu gleich.

7. Eine dicht sitzende Hörerschaft dämpft vorwiegend für den Bereich zwischen 500 und 1000 Hertz.

8. Gut dämpfende weiche Stoffe dämpfen bei dünner (d. h. nachgiebiger) und glatter Abdeckung vorwiegend die tiefen Töne.

G. Anordnung der Lautsprecher, Mikrophone und sonstigen Einrichtungen.

1. Grundsätzliches über die Schallquellenanordnung.

Es gibt zwei Grenzfälle für die Schallquellenanordnung: 1. Die Verwendung einer einzigen Schallquelle, die den gesamten Wiedergaberaum oder die gesamte von den Hörern eingenommene Fläche mit Schall versorgt, und 2. die Aufteilung der Schallquelle auf die einzelnen Hörer, was sich durch die Verwendung von Kopfhörern erreichen ließe.

In beiden Grenzfällen kann eine befriedigende Schallverteilung erzielt werden, wobei aber im ersten Fall (eine einzige Schallquelle) der Wiedergaberaum mehrere Forderungen erfüllen muß (s. S. 53) und die zu besprechenden Freiflächen nicht zu groß sein dürfen, während der zweite Fall (Kopfhörer) in bezug auf den Wiedergaberaum und seine Ausmaße die größte Freiheit bietet. So kann im zweiten Fall z. B. die gleichzeitige Übertragung eines bewegten Bildes und des zugehörigen Tones selbst bei stark verschiedenen Entfernungen zwischen Hörern und Bildschirm ohne Gleichlaufschwierigkeiten durchgeführt werden.

In Übertragungsanlagen kommt man mit einer einzigen Schallquelle vielfach nicht aus, und Kopfhörer kann man hier nur ausnahmsweise einsetzen (z. B. für Schwerhörigenplätze in Theatern). Folglich ist man häufig gezwungen, eine mehr oder weniger grobe Schallquellenaufteilung zu wählen und so von den zwei günstigen Grenzfällen abzuweichen.

Durch die gegenseitigen Abstände der verschiedenen Schallquellen ergeben sich für die Hörer dieselben Erscheinungen wie durch den Nachhall und durch die Echos. Die gesamten Schallquellen außer der, die dem Hörer jeweils am nächsten ist, wirken sich gemeinsam wie ein Nachhall zu der Wiedergabe der dem Hörer nächsten Schallquelle aus, während die Schallquellen einzeln oder gruppenweise ein dem Echo sehr ähnliches Doppelsprechen vortäuschen können.

2. Über die Praxis der Lautsprecheranordnung.

Die Lautsprecher sollen sämtliche Hörer möglichst gut, gleichmäßig und zuverlässig mit Schall versorgen. Das ist die Grundforderung, die bei der Planung der Lautsprecheranlagen beachtet werden muß. Diese Forderung soll mit einem Mindestmaß von Schalleistung erfüllt werden. Außerdem ist es erwünscht, daß der von den Lautsprechern ausgehende Schall die Hörer aus der Richtung trifft, in der diese den Redner sehen.

In akustisch richtig gestalteten und ausgebauten Räumen kann man die Grundforderung nach sicherer Schallversorgung meist unter Berücksichtigung der beiden genannten Nebenforderungen mit einer einzigen Schallquelle erfüllen.

In akustisch nicht einwandfreien Räumen, die leider bei weitem in der Überzahl sind, muß man vielfach mehrere Lautsprecher verwenden, die entweder einigermaßen gleichmäßig zu verteilen sind oder als Ergänzung des Hauptlautsprechers am Saalende, in Galerien, in Nischen und unter Balkonen angeordnet werden müssen. Je weniger der Wiedergaberaum akustisch in Ordnung ist, desto mehr Lautsprecher sind zu einer hinreichend guten Schallversorgung erforderlich.

Im Freien hat man für kleinere Flächen — bis etwa 5000 m² (d. h. bis etwa 50 m Breite und 100 m Länge) — bei fehlender Echowirkung die Wahl zwischen

1. einem oder zwei Lautsprechern, die vom Standort des Redners aus den gesamten Schall ausstrahlen, und
2. mehreren Lautsprechern, die — über die Fläche verteilt — im einzelnen nur Bruchteile derselben mit Schall versorgen.

Die erste Möglichkeit ergibt kurze Leitungen und damit einen billigen Aufbau. Außerdem treffen hierbei die Schallwellen in der richtigen Richtung auf die Hörer. Die zweite Möglichkeit bedeutet eine Ersparnis an Schalleistung, die bei größeren Flächen beträchtlich sein kann.

Für Flächen, die mehr als etwa 5000 m² umfassen, und für kleinere Flächen, bei denen der Einsatz eines oder zweier Lautsprecher anderweitig nicht vermeidbare Echowirkungen zur Folge hätte, müssen viele über die Fläche verteilte Lautsprecher verwendet werden.

3. Der Sinn der Schallquellenaufteilung.

Den vorstehenden Ausführungen liegt zugrunde, daß man die Schallversorgung durch Anordnung mehrerer über die Hörerschaft verteilter kleiner Schallquellen vielfach sicherer durchführen kann als mit Hilfe einer einzigen großen Schallquelle.

Diese Tatsache ist bei näherer Überlegung leicht zu verstehen: Teilen wir die Schallquelle auf Kopfhörer auf, so machen wir uns von den akustischen Eigenschaften des Wiedergaberaumes völlig unabhängig: Durch diese Aufteilung der Schallquelle wird jeder zurückgeworfene Schall vermieden und der benötigte Schall jedem einzelnen Hörer unmittelbar zugeführt. Daß dabei auch der Wirkungsgrad der Schallverteilung einen Höchstwert erreicht, leuchtet ein, wenn man bedenkt, daß in diesem Fall die im Wiedergaberaum vorhandenen schalldämpfenden Flächen und Teile wirkungslos bleiben.

Ein Gegenstück finden wir in der Beleuchtung: Die optischen Eigenschaften eines künstlich beleuchteten Raumes treten um so weiter zurück, je mehr wir von der Verwendung einer einzigen großen Lichtquelle abgehen und die Lichtquellen auf die einzelnen Arbeitsplätze aufteilen.

4. Die Schallversorgung des Wiedergaberaumes von einer Stelle aus.

Ein oder zwei Lautsprecher werden an der Saalvorderwand in genügender Höhe (in kleineren Sälen etwa 3 bis 4 m) angebracht und gegen die Saalmitte etwas geneigt (Bild G 1 mit G 4). In größeren

Bild G 1.

Bild G 2.

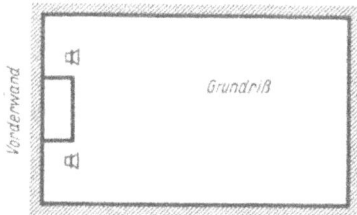

Bild G 3.

Bild G 4.

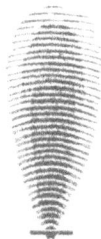

Bild G 5.

Bild G 6.

Sälen muß man hierbei dafür sorgen, daß zwischen den Lautsprechern und den ersten Hörerreihen ein genügender Abstand bleibt. Andernfalls haben die dort befindlichen Hörer unter zu großer Lautstärke zu leiden.

Bei der Schallversorgung von einer Stelle aus ist zu berücksichtigen, daß die hohen Töne in einem ziemlich schmalen Bündel abgestrahlt werden, während die tiefen Töne den Wiedergaberaum fast gleichmäßig erfüllen (Bild G 5).

Um die Richtwirkung, die für die hohen Töne auftritt, zu bekämpfen, kann man außer den Haupt-Lautsprechern noch Hochton-Lautsprecher derart anordnen (Bild G 6), daß sie die Zuhörer, die von den Haupt-Lautsprechern lediglich tiefe Töne erhalten, mit hohen Tönen versorgen.

Tonfilmtheater geben vielfach besonders gute Beispiele für eine einwandfreie Saalbesprechung von einer einzigen Stelle aus (vgl. aber S. 86).

5. Zusätzliche Lautsprecher.

Sollen akustisch ungünstige Räume hauptsächlich von einer Stelle aus mit Schall versorgt werden, so muß man vielfach kleine Zusatzlautsprecher verwenden, um damit Nischen, Ecken, die Sitze unter Balkonen und von der Hauptschallquelle weit entfernte Teile des Raumes zusätzlich zu besprechen. Hierbei läßt sich eine für alle Hörer einwandfreie Wiedergabe oft nur erzielen, wenn die mit den zusätzlichen Lautsprechern versehenen Raumteile genügend in sich abgeschlossen sind.

Daraus folgt, daß man in akustisch ungünstigen Räumen von vornherein tunlichst die Schallversorgung nicht im wesentlichen von einer einzigen Stelle aus, sondern mittels gleichmäßig über den Raum verteilter Lautsprecher durchführen sollte. Wie dies zu geschehen hat, zeigt der folgende Abschnitt, der auch für das Anbringen der Zusatzlautsprecher Hinweise gibt.

6. Schallversorgung geschlossener Räume durch verteilte Lautsprecher.

Bei Aufteilen der Schallquelle auf mehrere, an verschiedenen Stellen angeordnete Lautsprecher können meist bei weitem nicht alle Hörer aus der Richtung, in der sie den Redner sehen, besprochen werden. Diesen Nachteil muß man also in Kauf nehmen. Dafür aber wird man von den akustischen Eigenschaften des Raumes um so unabhängiger, je feiner man die Schallquellenunterteilung macht.

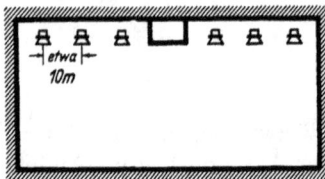

Bild G 7.

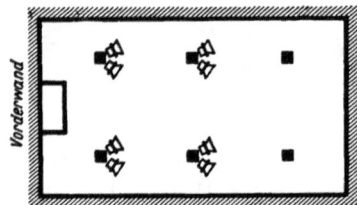

Bild G 8.

Empfehlenswerte Lautsprecheranordnungen sind für kleinere Räume durch die Bilder G 1 mit G 4 und für größere Räume durch die Bilder G 7 mit G 9 veranschaulicht. In diesen Bildern wird durch das eingezeichnete Rednerpult angedeutet, wo sich ein Mikrophon befinden könnte. Die Neigung der Lautsprecher gegen den Boden ist etwa gemäß Bild G 1 zu wählen.

Bild G 10 zeigt, wie man es nicht machen soll. Diese Lautsprecheranordnung bewirkt, daß man die Schallwellen unnötigerweise im ganzen Saal aus falschen Richtungen aufnehmen muß. Eine solche Lautsprecheranordnung ist nur für Säle zulässig, in denen sich das Rednerpult an einer Schmalseite befindet (Bild G 9).

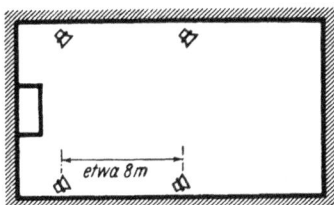

Bild G 9.

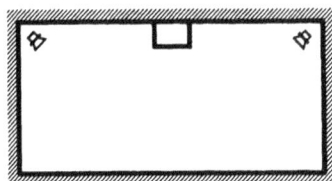

Bild G 10.

Bei der Aufteilung der Schallquelle soll die Leistung für die einzelnen Lautsprecher nicht zu hoch, d. h. möglichst so bemessen werden, daß auf jedem Platz nur ein Lautsprecher zu hören ist. Sind die Nachbar-Lautsprecher doch noch durchzuhören, so dürfen die Abstände der benachbarten Lautsprecher von demselben Hörer um höchstens 20 m verschieden sein. Bei einem Abstandsunterschied von mehr als 20 m tritt ein unangenehmes Doppelhören ein. (Zur Aufteilung der Lautsprecher s. auch S. 78.)

7. Bekämpfung der akustischen Rückkopplung.

Wenn Mikrophon und Lautsprecher im gleichen Raum betrieben werden, können die von den Lautsprechern abgestrahlten Schallwellen das Mikrophon zu stark beeinflussen. Dabei erzeugen die auf das Mikrophon auftreffenden Schallwellen über die Verstärkeranlage weitere Schallwellen, die genügen, um das Mikrophon wiederum kräftig zu beeinflussen. Auf solche Weise entsteht ein Heulen, dessen Lautstärke allmählich zunimmt und erst nach merklicher Zeit seinen vollen Wert erreicht. Bei diesem Heulen handelt es sich in der Regel um einen ziemlich tiefen Ton, dessen Frequenz (200 bis 600 Hz) für eine gegebene Anlage einigermaßen gleichbleibt. Dieser Heul-Frequenzbereich hat zwei Gründe, die wir kennenlernen wollen, um daraus Schlüsse ziehen zu können:

1. Für die tiefen Frequenzen ist die Raumdämpfung fast stets besonders gering. (Für die tiefen Töne ist der Nachhall meist besonders kräftig.)

2. Für die tiefen Frequenzen ist die Richtwirkung gewöhnlicher Mikrophone verschwindend gering, während für hohe Frequenzen eine beträchtliche Richtwirkung besteht (Bild G 11).

Die tiefen Töne wirken somit besonders stark auf das Mikrophon zurück, da bei ihnen die zurückgeworfenen Schallwellen kräftig sind und diese außerdem das Mikrophon von allen Seiten her beeinflussen. Hieraus folgt, daß wir eine mit tiefer Frequenz auftretende akustische Rückkopplung durch eine andere Ausrichtung der Lautsprecher meist nicht nennenswert bekämpfen können.

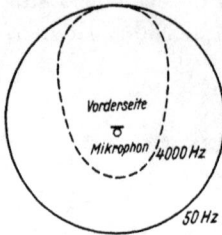

Bild G 11.*)

Selbstverständlich werden wir die Mikrophone nicht so anordnen, daß sie, wie in den linken Hälften der Bilder G 12 und G 13, unmittelbar von den vom Lautsprecher ausgehenden Schallwellen getroffen werden. Außerdem werden wir die Lautsprecher auch nicht so ausrichten, daß die Mikrophone im Brennpunkt zurückgeworfener Schallwellen stehen. Über das Vermeiden dieser grundsätzlichen Fehler hinaus läßt sich — wie schon bemerkt — durch die Lautsprecheranordnung meist wenig ausrichten.

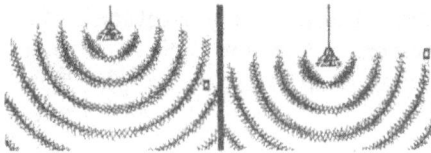

Bild G 12.

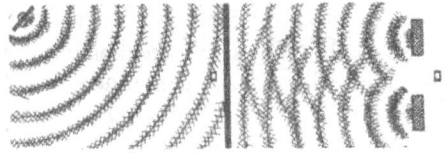

Bild G 13.

Man kann versuchen, die in der Nähe des Mikrophons angeordneten Lautsprecher etwas herunterzuregeln. Das hilft manchmal. Auf alle Fälle sollte man deshalb für diese Lautsprecher (z. B. für die vorderen Lautsprecher in Bild G 8) besondere Regler vorsehen.

Im übrigen bieten aber die Richtmikrophone bei der Bekämpfung der akustischen Rückkopplung beachtliche Möglichkeiten. Diese Mikrophone zeichnen sich dadurch aus, daß ihre Richtwirkung auch für die tiefen Frequenzen noch in hohem Maße vorhanden ist. Diese Richtmikrophone heißen nach den Richtkennlinien, die die Richtwirkung veranschaulichen, Nieren- und Achter-Mikrophone (Bild G 14 und G 15) (s. a. S. 34). Günstige Mikrophonanordnungen zeigen die Bilder G 16

---

*) Um die Richtkennlinien zu erhalten, stellt man in einer schalltoten — d. h. den Schall nicht zurückwerfenden — Umgebung abhängig von der Besprechungsrichtung für gleichbleibende Entfernung und Schalleistung die Mikrophonspannung fest und trägt im Kennlinienbild in der jeweils geltenden Richtung eine der zugehörigen Spannung entsprechende Länge auf.

mit G 20. In diesen Bildern sind die Mikrophon-Richtkennlinien vereinfacht. Vergleichsweise mit Bild G 21 läßt Bild G 18 erkennen, wie günstig die für alle Töne ungefähr übereinstimmende Richtwirkung des Nierenmikrophons für die Aufnahme einer Orchesterdarbietung ist.

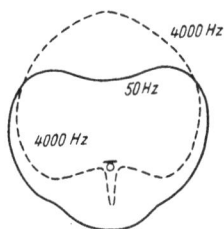

Bild G 14.

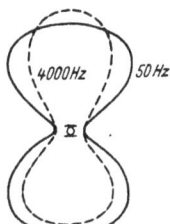

Bild G 15.

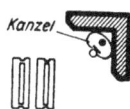

Bild G 16.

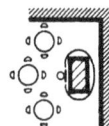

Bild G 17.

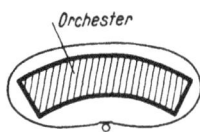

Bild G 18.

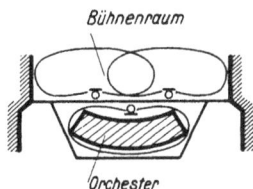

Bild G 19.

Bild G 20.

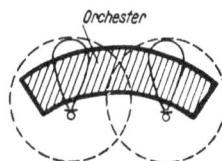

Bild G 21.*)

Daß die Gefahr der akustischen Rückkopplung durch derartige Richtmikrophone stark vermindert wird, erklärt sich so: Die von den Lautsprechern stammenden Schallwellen erreichen das Mikrophon bei einigermaßen richtiger Anordnung unmittelbar nicht in der Richtung der vom Sprecher ausgehenden Schallwellen und mittelbar zum allergrößten Teil aus anderen Richtungen. Daher wird am Richtmikrophon nur ein Teil des Lautsprecherschalles wirksam (s. a. S. 31).

8. Teilweise besprochene Räume.

Wenn sich bei Übertragungen in einer großen Werkhalle die Belegschaft auf einen verhältnismäßig kleinen Raum versammelt, braucht man nur diesen Teil der Halle mit Schall zu versorgen. Die dabei zu beachtenden Gesichtspunkte decken sich im wesentlichen mit denen, die für die Schallübertragung im Freien gelten (s. folgenden Abschnitt).

Ein Unterschied besteht meist darin, daß man es in einem teilweise besprochenen Raum nur mit verhältnismäßig wenigen Hörern zu tun hat. Deshalb wird man hier eine Aufteilung der Schallquelle auf mehrere

---

*) Einsatz zweier gewöhnlicher Kondensatormikrophone für die Aufnahme eines Orchesters. Die gestrichelten Kreise deuten hier die Richtkennlinien für die tiefen Töne an, während die zwei ausgezogenen Kennlinien zu den hohen Tönen gehören.

6*

Lautsprecher nur durchführen, wenn das wegen eines zu großen Nachhalles notwendig wird. Im übrigen ordnet man die Lautsprecher in der Nähe einer Hauptwand des Raumes gemäß Bild G 1 mit G 4 an.

9. Der Sonderfall des sehr großen Raumes.

In einem sehr großen Raum können die vielen Einzellautsprecher, deren Schallwellen jeden Hörer nacheinander erreichen, einen »künstlichen Nachhall« bewirken, der mitunter recht störend wirkt (s. S. 78). Hat der Raum an sich eine genügende Dämpfung, so kann hier mit Vorteil eine einzige Schallquelle verwendet werden, bei der der künstliche Nachhall nicht auftritt. Die Deutschlandhalle in Berlin gibt hierfür ein Beispiel. Sie war erst mit zahlreichen kleineren Lautsprechern bestückt, wobei sich eine geringe Sprachverständlichkeit ergab. Nach Ersatz dieser Lautsprecher durch die Wiedergabeeinrichtung einer Tonfilmanlage war die Sprachverständlichkeit durchaus befriedigend.

10. Lautsprecheranordnung auf freien Plätzen.

Wir haben mehrere grundsätzlich verschieden zu behandelnde Fälle zu unterscheiden:

1. Freie Plätze, die einseitig besprochen werden können, wobei als größte Schallweglänge 150 bis 200 m in Betracht kommen und Echos nicht zu erwarten sind;
2. freie Plätze, für die entweder größere Schallweglängen in Betracht kommen oder bei denen Echos auftreten können, und
3. freie Plätze, die nur unvollständig — z. B. nur an den Rändern oder in einzelnen Streifen besprochen werden sollen.

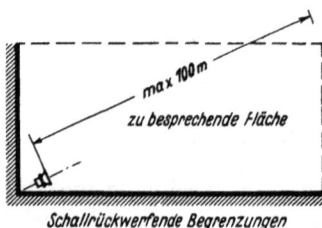

Schallrückwerfende Begrenzungen

Bild G 22.

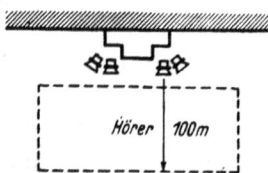

Freier Platz

Bild G 23.*)

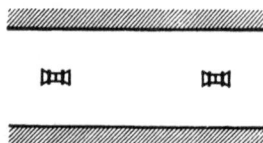

Bild G 24.**)

Für freie Plätze nach 1 empfehlen sich vorwiegend Kurztrichter oder Schallwände. Sind feste Anlagen neu zu errichten, so baut man Lautsprecher vorteilhafterweise in eine den Hörern gegenüberstehende, das Kopfende des Platzes abschließende Wand ein. Die Strahler müssen hierbei so gerichtet werden, daß die Schallwellen keine echobildenden

---

*) Lautsprecheranordnung auf einem einseitig freien Platz.
**) Lautsprecheranordnung auf einer Straße. Die Lautsprecher sind in der Straßenmitte aufgehängt.

Wände oder sonstige Erhebungen treffen. Bei größeren Schalleistungen können sich sogar ziemlich entfernte Bahndämme, Gehöfte oder Waldränder unangenehm auswirken. Beispiele für zweckmäßige Lautsprecheranordnungen geben die Bilder G 22 mit G 24.

Lassen sich Kurztrichter, Schallwände oder eingebaute Lautsprecher nicht derart anordnen, daß Echos vermieden werden, so muß man Rundstrahler (Ampeln oder Pilzlautsprecher) verwenden (Bild G 25 mit G 29), wobei die auf S. 44 angefügten Bemerkungen zu beachten sind.

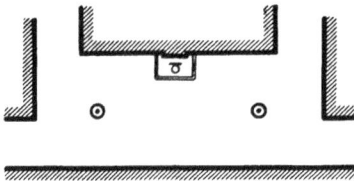

Bild G 25.

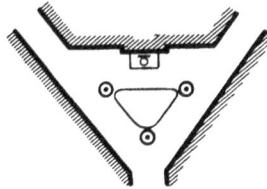

Bild G 26.

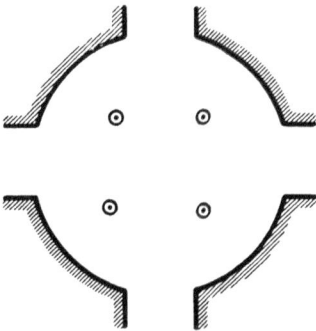

Bild G 27.

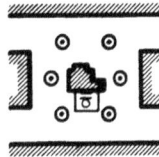

Bild G 28.

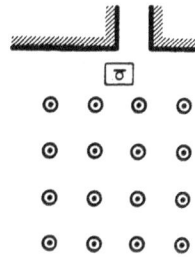

Bild G 29.

Bei größeren Schallweglängen rüstet man die zu besprechenden Plätze wegen der Schalldämpfung sowie wegen der Schallverwehungen (s. S. 25), die bei Schallübertragungen über Entfernungen von mehr als 150 bis 200 m wesentlich werden, heute durchweg mit gleichmäßig verteilten Lautsprechern aus. Dabei könnte man grundsätzlich Kurztrichter ebenso verwenden wie Rundstrahler. Bei irgendwelchen Echomöglichkeiten sind jedoch Rundstrahler vorzuziehen. Diese stellt man auf größeren Flächen in gegenseitigen Abständen von etwa 50 bis 70 m auf (Bild G. 29).

Unter die nur teilweise zu besprechenden Plätze fallen z. B. Bahnsteige und Sportplätze, die darüber hinaus die zwei Grundformen der unvollständig zu besprechenden Plätze darstellen.

Bei der Bahnsteigbesprechung handelt es sich darum, daß die nebeneinander liegenden Bahnsteigstreifen meist einzeln, selten auch gemeinsam besprochen werden sollen. Die Einzelbesprechung erfordert eine ausgeprägte Richtstrahlung, da die für den einzelnen Bahnsteig geltenden Nachrichten auf den anderen Bahnsteigen nur schwach durchkommen dürfen. Man verwendet deshalb auf Bahnsteigen Längsstrahler, die in etwa 20 m Abstand und 2 bis 3 m Höhe angeordnet sind. Außerdem schneidet man hier die tiefen Töne (unter 300 Hz) ab.

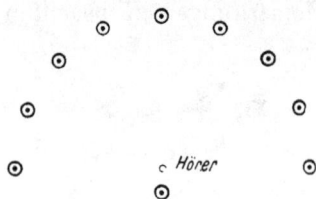

Bild G 30.

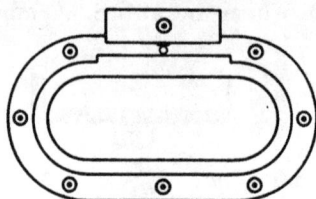

Bild G 31.

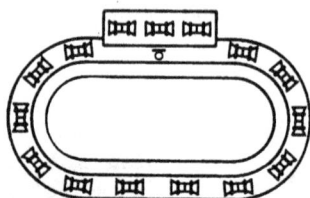

Bild G 32.

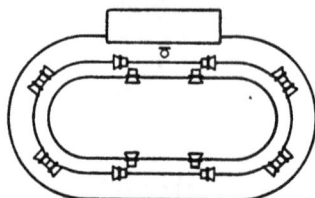

Bild G 33.

Bei der Besprechung der Kampfbahnen der Sportplätze handelt es sich um gleichzeitig von allen Lautsprechern gemeinsam wiederzugebende Nachrichten oder Töne. Hierfür scheint der Rundstrahler durchaus günstig zu sein. So gut sich aber die Rundstrahler auf vollständig zu besprechenden Flächen bei dementsprechend gleichmäßiger Verteilung bewähren, so wenig sind sie z. B. für viele Kampfbahnen geeignet. Dies sei durch Bild G 30 bewiesen. Wir erkennen dort neun im Halbkreis angeordnete Lautsprecher. Auf dem Mittelpunkt des Halbkreises steht ein Hörer. Nahe bei ihm ist ein zehnter Lautsprecher angeordnet. Diesen hört der Hörer zuerst. Die anderen Lautsprecher hört er gemeinsam kurze Zeit später. Da die anderen Lautsprecher zusammenwirken, ist deren Lautstärke groß. Besonders unangenehm wird das Nachsprechen, wenn der Abstand der neun Lautsprecher vom Hörer größer als 20 m ist.

Für Kampfbahnen, auf denen die Lautsprecher ähnlich angeordnet werden müssen wie in Bild G 31, eignen sich infolgedessen Rundstrahler nicht. Man muß hier vielmehr dafür sorgen, daß sich die gegenüberliegenden Kampfbahnseiten nicht stören, was durch Anwendung von Längsstrahlern möglich ist (s. Bild G 32 und G 33).

Anordnungen von Richtstrahlern nach Bild G 34 und G 35 sind meist wegen großer Echogefahr ungünstig. Die Anordnung gemäß Bild G 34 scheidet außerdem für größere Plätze wegen der dort sehr ungleichmäßigen Lautstärkeverteilung aus. Bei fehlender Echogefahr haben sich für kleinere und mittlere Plätze die in den Bildern G 36 und G 37 gezeigten Anordnungen bewährt.

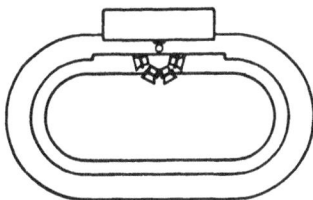

Bild G 34.

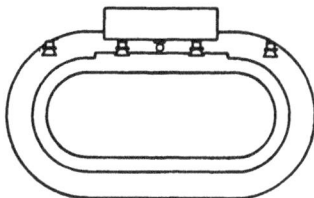

Bild G 35.

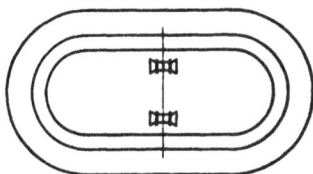

Bild G 36.

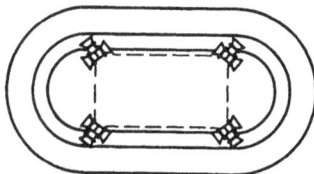

Bild G 37.

Bild G 38.

Für Übertragungen, die von einem inmitten eines Platzes stehenden Mikrophon ausgehen sollen, kann es günstig sein, ein Dach anzubringen, unter dem sich das Mikrophon befindet und auf dem z. B. vier Richtstrahler angebracht sind (Bild G 38).

11. Zentralen.

Sofern die ganze Übertragungsanlage nicht aus einem einzigen Rundfunkgerät besteht, sondern außer diesem noch einen Plattenspieler und einen Verstärker, vielleicht auch noch weitere Teile umfaßt, ist es empfehlenswert, alle diese Teile zusammenzubauen. Für mittlere Anlagen genügt hierfür ein Schrank. Bei größeren Anlagen hingegen wird man für die »Zentrale« einen besonderen Raum vorsehen müssen. Die für den Zusammenbau entscheidenden Gründe sind vor allem:

1. Der Zusammenbau erhöht die Übersichtlichkeit und die Betriebsbereitschaft der Anlage.
2. Der Zusammenbau erleichtert es, für sämtliche Eingänge Abhörbuchsen vorzusehen, an denen mit Hilfe eines Kopfhörers die eingehenden Steuerspannungen geprüft werden können. Dies ist beim Versagen irgendwelcher Teile der Anlage nützlich.

3. Ebenso kann man auch an den Ausgängen der in der Zentrale vereinigten Verstärker Prüfbuchsen oder Instrumente anordnen, die eine Überwachung erleichtern.

4. Sehr wichtig ist es, daß durch den Zusammenbau die Möglichkeit gegeben wird, Reserveverstärker im Bedarfsfall rasch und sicher einzuschalten. In einer nur behelfsmäßig zusammengebauten Anlage macht das Einschalten eines Reserveverstärkers mitunter erhebliche Schwierigkeiten.

Steht die Zentrale in einem besonderen Raum, so muß zumindest der Hauptwiedergaberaum mit der Zentrale durch eine Signalleitung verbunden werden. Ein in der Zentrale angeordneter Kontrollautsprecher kann nämlich kein eindeutiges Bild von der im Wiedergaberaum auftretenden Lautstärke geben, da z. B. die Besetzung des Wiedergaberaumes auf dessen Dämpfung von beträchtlichem Einfluß ist. Die Signaleinrichtung muß es also ermöglichen, der Zentrale Zeichen zu geben, aus denen die notwendige Regelung der Lautstärke zu ersehen ist. Meist genügen zur Zeichengebung kleine Lämpchen.

In Anlagen, die lediglich kleine Räume mit Schall zu versorgen haben, geschieht die Regelung vielfach in den Wiedergaberäumen, wobei Signalleitungen nicht erforderlich sind.

Günstig ist es weiterhin, Lichtzeichen vorzusehen, die während des Betriebs der Anlage stets einen Überblick über die eingeschalteten und daher wirksamen Teile geben. Dies kann insbesondere für die Mikrophonregler von Bedeutung sein, da es unerwünscht ist, daß Privatunterhaltungen übertragen werden, die vor irgendwelchen Mikrophonen stattfinden. Verbindet man jeden Mikrophonregler mit einem Schalter, der in der Nullstellung des Reglers ein Lämpchen ausschaltet, so wird das Eindrehen des Reglers durch das Aufleuchten des Lämpchens angezeigt.

12. Die räumliche Anordnung der Verstärker.

Man kann die gesamte Verstärkung für sämtliche Lautsprecher gemeinsam an einer einzigen Stelle des Betriebes durchführen. Es ist aber auch möglich, die Endverstärkung dorthin zu verlegen, wo sich die einzelnen Lautsprechergruppen befinden.

Die erstgenannte Möglichkeit (»zentralisierte Anlage«) kommt vorzugsweise für Anlagen mit kleiner räumlicher Ausdehnung und demnach geringeren Leitungslängen auch bei großen Endleistungen (sogar bis zu mehreren 100 Watt) in Betracht. Dabei führen die Verteilungsleitungen verhältnismäßig hohe Spannungen und bei größeren Leistungen auch beträchtliche Ströme.

Die andere Möglichkeit (»dezentralisierte Anlage« — d. h. Aufteilung der Endverstärker) wird für Anlagen mit größerer räumlicher Ausdehnung verwertet. Die Zentrale enthält dann nur den Steuerverstärker und vielleicht einen kleinen Teil der Endverstärker. Die anderen Endverstärker sind jeweils in der Nähe der von ihnen zu versorgenden Lautsprechergruppen untergebracht. An die Stelle der Lautsprecher-Speiseleitungen treten vorwiegend die Verteilungsleitungen zwischen der Zentrale und den Endverstärkern. Solche Leitungen aber können als Schwachstromleitungen ausgeführt werden, da sie nur mit niedrigen Spannungen betrieben werden und nur geringe Ströme führen. Diesem Vorteil stehen mitunter allerdings folgende Nachteile gegenüber:

1. Die Anordnung von Reserveverstärkern macht größere Schwierigkeiten, wenn nicht einem jeden Verstärker ein Reserveverstärker zugeordnet werden soll.

2. Für die verteilt angeordneten Endverstärker müssen Fernschalteinrichtungen vorgesehen werden. Die Schaltströme oder Schaltstromstöße können dabei jedoch statt über besondere Leitungen auch über die Tonfrequenz-Verteilungsleitungen durchgegeben werden.

Man hat bei größerer räumlicher Ausdehnung der Anlage somit stets genau abzuwägen, welche der beiden Möglichkeiten den Vorzug verdient.

Zusammenfassung:

1. Notwendig ist, daß jeder Hörer zuverlässig ohne störenden Nachhall, ohne störendes Echo und vorzugsweise nur von jeweils einem Lautsprecher mit Schall versorgt wird.

2. Erwünscht ist, daß wenig Schalleistung gebraucht wird und daß der Schall sämtliche Zuhörer von dem gleichen Punkt aus trifft.

3. Um den Schall aus der gleichen Richtung wirken zu lassen, ordnet man den oder die Lautsprecher vorzugsweise in der Nähe des Redners an der Saalvorderwand oder an der Vorderseite des freien Platzes an.

4. In akustisch ungünstigen und vielfach auch in sehr großen Sälen müssen zusätzliche Lautsprecher verwendet oder meist besser von vornherein mehrere über die Hörer verteilte Lautsprecher eingesetzt werden.

5. Durch Aufteilung der Schallquelle auf viele kleine Lautsprecher kann mitunter beträchtlich an Verstärkerleistung gespart werden.

6. Nicht selten ist eine sehr weitgehende Unterteilung günstig (bis herunter auf etwa 1 Watt je Einzellautsprecher).

7. In sehr großen, richtig gedämpften Räumen kann wiederum die Besprechung von einer Stelle aus am günstigsten sein, weil man dadurch den »künstlichen«, von der Vielzahl der Lautsprecher herrührenden Nachhall vermeidet.

H. Nachträgliche Verbesserungen.

1. Vorbemerkung.

Die in diesem Hauptabschnitt enthaltenen Hinweise sind für Fälle gedacht, in denen der Wiedergaberaum oder die elektroakustische Anlage Fehler aufweisen, die ohne grundlegende Änderungen der Anlage bekämpft werden sollen.

Die Hinweise gliedern sich in zwei Gruppen. Die einen zeigen, wie man die Folgen dieser Fehler im Notfall einigermaßen zu bekämpfen vermag, die anderen, wie man die Fehler selbst beheben kann. Selbstverständlich ist es besser, die Anlage wirklich in Ordnung zu bringen, statt sich mit Notbehelfen zu begnügen.

2. Behelfsmäßiger Ausgleich der Folgen eines zu großen Nachhalles.

Zu großer Nachhall ist stets ein grober akustischer Fehler, der sich vor allem bei Sprachwiedergabe geltend macht. Der ungünstige Einfluß auf die Sprachverständlichkeit läßt sich durch eine bevorzugte Wiedergabe der hohen Töne etwas vermindern. Dadurch werden nämlich die Konsonanten, die sonst im Nachhall völlig untergehen würden, stärker herausgehoben. Die besondere Bevorzugung der hohen Töne verfälscht natürlich die Klangfarbe, was sich bei Musikwiedergabe besonders ungünstig auswirkt. Deshalb stellt diese Möglichkeit der Anpassung der Übertragungsanlage an einen akustisch fehlerhaften Raum einen dürftigen Notbehelf dar, der überdies nur bei nicht zu großer Überschreitung des richtigen Nachhalles einigen Erfolg verspricht.

Außerdem kann man die ungünstigen Folgen eines zu großen Nachhalles mitunter auch durch das Abschneiden der ganz tiefen Töne und durch bessere Ausrichtung der Lautsprecher auf die Zuhörer abschwächen. Der Sinn dieser Maßnahmen liegt darin, daß die Richtwirkung der Schallstrahler für mittlere und hohe Töne meist bedeutend größer ist als für tiefe Töne. Die für mittlere und hohe Töne vorhandene Richtwirkung wird hierbei ausgenutzt, um die Zuhörer möglichst unmittelbar mit Schall zu versorgen und gleichzeitig die von den Zuhörern herrührende Dämpfung möglichst zu verwerten. Da die Richtwirkung für tiefe Töne fehlt, bleibt das Ausrichten der Lautsprecher für diese unwirksam. Außerdem ist die Dämpfung für die tiefen Töne meist besonders gering. Beides veranlaßt, daß die tiefen Töne bei zu großem Nachhall unterdrückt werden.

Selbstverständlich wird man diese Möglichkeiten zum Vermindern eines störenden Nachhalles nur verwerten, wenn man den Nachhall nicht durch größere Dämpfung herabsetzen kann. Zu großer Nachhall ist nämlich nicht nur wegen der Wiedergabe, sondern auch im Hinblick auf die Störgeräusche unerwünscht. Jedes Geräusch, das z. B. die Hörer ver-

ursachen, wird mit einer um so größeren Lautstärke wirksam, je größer
der Nachhall ist.

Allerdings hat man folgendes zu beachten: Zusätzliche Dämpfungen
setzen bei gegebener Schalleistung mit dem Nachhall auch die Lautstärke
herab. Folglich muß die höhere Dämpfung durch Erhöhung der Schallleistung ausgeglichen werden. Ist die Anlage an sich schon knapp
bemessen, so wird man sie bei nachträglicher Verminderung des Nachhalles vergrößern müssen.

3. Beseitigung störender Echos.

Im allgemeinen hat man zur nachträglichen Bekämpfung störender
Echos neben wesentlichen Änderungen des Wiedergaberaumes nur die
Möglichkeit, die Lautsprecheranordnung zu ändern. Dabei muß man
vielfach in Kauf nehmen, daß bei der geänderten Anordnung die Schallwellen die Zuhörer nicht mehr aus der ursprünglich vorgesehenen Richtung — z. B. aus der Richtung, in der der Redner sichtbar ist — erreichen.

4. Verbesserung der Verständlichkeit bei richtigem Nachhall.

Ist die Verständlichkeit nur in Richtung der Lautsprecherachse
genügend, so weist das darauf hin, daß für die hohen Töne eine ausgesprochene Richtwirkung besteht. In diesem Falle hilft man sich durch
zusätzliche Hochtonlautsprecher (s. S. 38).

Die Verständlichkeit kann auch durch falsche Wahl dämpfender
Werkstoffe beeinträchtigt sein. Auf S. 64 wurde darauf hingewiesen,
daß die Dämpfung in den meisten Fällen mit der Tonhöhe wächst.
Infolgedessen werden die hohen Töne häufig beträchtlich stärker gedämpft als die tiefen Töne. Die als Gegenmittel angewandte Verstärkung der hohen Töne braucht in solchen Fällen die Wiedergabegüte
nicht zu beeinträchtigen. Die Verstärkung der hohen Töne wird, falls
der Regelbereich der Tonblende nicht ausreicht, dadurch erzielt, daß
man die tiefen Töne schwächt und gemeinsam damit die Schalleistung
durch größere Aussteuerung des Verstärkers erhöht.

5. Die Bekämpfung der akustischen Rückkopplung.

Eine nachträglich auftretende akustische Rückkopplung ließe sich
am einfachsten dadurch bekämpfen, daß der Redner lauter spricht und
— wenn nötig — sich dem Mikrophon noch mehr nähert. Hierdurch wird
die notwendige Verstärkung auf ein Mindestmaß herabgesetzt. Mit der
Abnahme der Verstärkung sinkt die Neigung zu akustischer Rückkopplung.

Kann der Redner nicht im angedeuteten Sinne beeinflußt werden
oder genügt die Verstärkungsabnahme nicht, so stelle man zunächst
fest, in welchem Frequenzbereich die akustische Rückkopplung auftritt.

Handelt es sich — wie vielfach — um tiefe Frequenzen (etwa unter 300 Hertz), so schneide man diese Töne durch ein passendes Filter ab. Diese Töne spielen für die Verständlichkeit der Sprache ohnehin kaum eine Rolle.

Tritt die akustische Rückkopplung im Bereich höherer Töne auf, so besteht einige Aussicht dafür, daß sie durch andere Ausrichtung der Lautsprecher oder durch eine andere Aufstellung des Mikrophons bekämpft werden kann.

In hartnäckigen Fällen, in denen die Rückkopplung im Bereich tiefer bis mittlerer Töne liegt, kann der Austausch des gewöhnlichen Mikrophons gegen ein Nieren- oder Achtermikrophon (s. S. 34) den gewünschten Erfolg bringen.

Zusammenfassung:

1. Akustische Fehler sollten, wenn irgend möglich, von Grund auf beseitigt werden. Ihre schädlichen Folgen lassen sich jedoch notfalls auch behelfsmäßig etwas abschwächen.

2. Der verschlechternde Einfluß eines zu großen Nachhalles auf die Sprachverständlichkeit kann durch eine Verstärkung der hohen Töne etwas gemildert werden.

3. Die schädlichen Folgen eines zu großen Nachhalles sind mitunter durch das Abschneiden der tiefen Töne und durch eine besondere Ausrichtung der Lautsprecher zu mildern.

4. Wird zu großer Nachhall durch zusätzliche Dämpfung vermindert, so muß die Schalleistung entsprechend erhöht werden.

5. Das beste Mittel gegen mäßige akustische Rückkopplung ist eine stärkere Beeinflussung des Mikrophons durch den Redner.

6. Wenn bei Anwendung gewöhnlicher Mikrophone alle Mittel gegen die akustische Rückkopplung versagen, bleibt als weiterer Ausweg die Verwendung eines Mikrophons mit erhöhter Richtwirkung (Nieren- oder Achtermikrophon).

III. Die elektrische Einrichtung.

J. Auswahl der Teile, Planung und Aufbau der Anlage.

1. Ein paar Worte zur Auswahl der Teile.

Leider ist es immer noch üblich, Übertragungsanlagen aus den verschiedensten Teilen willkürlich zusammenzustellen und höchstens darauf zu achten, daß die Spannungen, Leistungen und Widerstandswerte aneinander angeglichen werden.

Auch Tonfilmanlagen setzte man früher nicht selten in dieser Weise zusammen. Man machte jedoch keine guten Erfahrungen damit und ging im Laufe der Zeit fast allgemein dazu über, die Anlagen aus einheitlich aufeinanderabgestimmten Teilen aufzubauen. Das erklärt sich aus den hohen Anforderungen, die an die Klanggüte der Tonfilmanlagen gestellt werden.

Für Übertragungsanlagen steht heute noch die Sprachverständlichkeit im Vordergrund. Langsam aber wachsen auch hier die Ansprüche an die Wiedergabegüte. Daher wird man sich allmählich für solche Anlagen ebenfalls dazu bekehren, die einzelnen Teile — vor allem die Lautsprecher und Verstärker — aneinander anzugleichen. Unter diesem Angleichen haben wir durchaus nicht nur das übliche Anpassen (s. S. 99), sondern vor allem auch das gegenseitige Abstimmen der Frequenzgänge der Lautsprecher und Verstärker zu verstehen.

Man beachte, daß weder die Frequenzkennlinie eines Verstärkers noch die Kennlinie eines Lautsprechers — jede für sich betrachtet — Aufschluß über die Wiedergabegüte zu geben vermögen, daß es vielmehr auf die richtige Zusammenarbeit des Verstärkers mit den Lautsprechern ankommt.

Außer dieser Lehre, die man aus dem Vergleich mit den Tonfilmanlagen ziehen kann, sollte man bei der Gegenüberstellung einer Tonfilmanlage mit einer Übertragungsanlage allerdings auch folgendes beachten:

1. Die Wiedergabeeinrichtung muß beim Tonfilm — wegen der hier größeren Zahl der Tonwandlungen — besser sein als in Übertragungsanlagen. Daher haben die Tonfilmanlagen einen nennenswerten Vorsprung vor diesen.

2. Tonfilmanlagen dürfen der höheren Güte entsprechend teurer sein als die Übertragungsanlagen, da sie mehr Geld einbringen als diese. Man kann damit rechnen, daß eine Tonfilmanlage etwa 4- bis 10 mal soviel kostet wie eine für dieselbe Hörerzahl bemessene Übertragungsanlage. Neuerdings verwendet man gelegentlich auch schon für Übertragungsanlagen die teuren, für den Tonfilm geschaffenen Einrichtungen.

Die folgenden Ausführungen gründen sich darauf, daß völlig aneinander angeglichene Bauteile vorerst noch lange nicht für alle vorkommenden Verhältnisse benutzt und auch geliefert werden.

Ein erster Anfang in der Angleichung der Lautsprecher an die Endstufen ist durch die Endverstärker und die zu ihnen passenden Lautsprecher gemacht.

2. Grundsätzliche Bemerkungen über die Planung.

Die Planung einer Anlage macht um so weniger Schwierigkeiten, je einfacher diese ausgestaltet werden soll. Jeder Sonderwunsch erschwert die Planung der Anlage und vor allem den Entwurf und die Ausführung der zugehörigen Schaltung. Das trifft besonders zu, wenn verlangt werden:

1. Mischeinrichtungen, die dazu dienen, verschiedene Mikrophone oder Plattenspieler bei der Wiedergabe wahlweise gemeinsam zu verwenden oder einzelne dieser Aufnahmeeinrichtungen auszublenden und zu überblenden. Die dazu notwendigen Mischeinrichtungen, müssen den jeweiligen Verhältnissen — vor allem der Zahl der Aufnahmeeinrichtungen — angepaßt werden und sind außerdem — selbst, wenn es sich um übliche Ausführungen handelt — verhältnismäßig teuer.

2. Verstärkerumschalter, die es ermöglichen, wahlweise einen von mehreren Vor- oder Steuerverstärkern mit einer oder mehreren Hauptverstärkergruppen zusammenzuschalten. Besonders erschwert wird der Entwurf der Schaltung und der Anlage, wenn die wahlweise zusammenzuschaltenden Verstärker in der Speisung voneinander abhängig sind. Vorverstärker z. B., die aus nachfolgenden Verstärkern gespeist werden, lassen sich nur schwer auf andere nachfolgende Verstärker umschalten.

3. Lautsprecherumschalter, mit denen sich mehrere Lautsprechergruppen auf verschiedene Verstärker oder Verstärkergruppen umschalten lassen. Hierbei wächst die Schwierigkeit mit dem gewünschten Freiheitsgrad. (Handelt es sich nur um gleichwertige Lautsprechergruppen oder um den Austausch eines Verstärkers durch einen gleichwertigen Ersatzverstärker, so kommen wir mit einfachen Umschalteinrichtungen aus.)

Liegen solche Sonderwünsche vor, so gehört zum Entwurf und zur Ausführung der Zentrale eine erhebliche Erfahrung im Bau der Übertragungsanlagen. Wer diese Erfahrung nicht besitzt, sollte sich entweder mit der Erstellung einfacher Anlagen begnügen, in denen keine schwierigen Umschaltungen verlangt werden und die keine größeren Mischeinrichtungen verlangen, oder sich mit einem der Werke ins Benehmen setzen, die Zentralen für große Anlagen bauen oder sämtliche Teile dafür erzeugen.

3. Der Bedarf an Tonfrequenzleistung als wesentliche Grundlage.

Den Ausgangspunkt der Planung bildet eine Klarstellung der auf S. 130 aufgezählten Einzelheiten. Haben wir auf diese Weise alle wichtigen Angaben gewonnen, so müssen wir zunächst darangehen, den Leistungsbedarf der Übertragungsanlage zu ermitteln. Diese Schalleistung ist für Lautsprecher und Verstärker getrennt festzulegen. Wohl stimmt die abgegebene Verstärkerleistung — abgesehen von den geringen Verlusten in den Leitungen — mit der von den Lautsprechern aufgenommenen Leistung überein; auch bezieht man die Leistungsangaben bei den Verstärkern auf die Abgabe und bei den Lautsprechern auf die Aufnahme. Hier ist aber doch noch folgendes zu beachten: Einerseits wird man im üblichen Betrieb meist eine Verstärkerleistung verwenden, die geringer ist als die Gesamtnennleistung der aus den Verstärkern betriebenen Lautsprecher; anderseits muß die gesamte Verstärkernennleistung häufig wesentlich größer sein als die gesamte Lautsprechernennleistung, wenn man die Nennleistung der Ersatzverstärker mit einrechnet.

4. Die Nennleistungen der Lautsprecher und Verstärker.

Wie man die Lautsprecher in den einzelnen Räumen anordnet, wurde auf S. 72 behandelt. Hier gehen wir auf die Frage ein, welche Lautsprecherleistungen vorgesehen werden müssen. Die nachstehend ermittelten Leistungen sind jedoch nur die Mindestnennleistungen, die für die Bestellung der Lautsprecher als untere Leistungsgrenzen gelten. In der Regel werden wir die Nennleistungen höher bemessen als die berechneten Leistungen. Einerseits vermeidet man dadurch betriebsmäßige Übersteuerungen der Lautsprecher; anderseits gibt die größere Lautsprechernennleistung die Möglichkeit, die Anlage beim Ausfall einzelner Lautsprecher ohne beträchtliche Beeinträchtigung der Lautstärke und Klanggüte weiter zu betreiben.

Der tatsächliche Leistungsbedarf ist durch die zu besprechenden Räume gegeben. Dabei haben wir unter einem zu besprechenden Raum manchmal nur den von den Zuhörern besetzten Teil des Raumes zu verstehen. In einer großen Arbeitshalle z. B. besteht vielfach die Möglichkeit, die Zuhörer zu sammeln, so daß nur ein geringer Teil der Halle besprochen zu werden braucht.

Richtwerte für die in geschlossenen Räumen notwendigen Lautsprechernennleistungen können folgendermaßen berechnet werden:

Durchschnittliche Schalleistung in Milliwatt =

$$= \frac{\text{Rauminhalt in m}^3}{\text{Nachhall in Sek.}} \times 10^{\frac{L-74}{10}}.$$

Darin bedeutet L die Schalleistungsdichte in Dezibel oberhalb 10^{-10} Milliwatt je cm². L soll um etwa 15 Dezibel höher liegen als die Schalleistungsdichte des Störgeräusches und außerdem nicht kleiner sein als etwa 50 Dezibel.

Der Höchstwert der Schalleistung muß selbstverständlich höher liegen als der Durchschnittswert, für den die obige Beziehung aufgestellt ist. Wie weit der Höchstwert den Durchschnittswert zu übersteigen hat, richtet sich nach der Art der Darbietung (Sprache oder Musik) und nach den Güteansprüchen. Durchschnittlich gilt, daß der Höchstwert bei Reden etwa 10 und bei Musik ungefähr 15 Dezibel über dem Durchschnittswert liegen muß, wenn an die Güte der Übertragung höhere Anforderungen gestellt werden. Da 10 Dezibel das 10 fache und 15 Dezibel das 32 fache bedeuten, muß der Durchschnittswert mit 10 bis 32 vervielfacht werden:

Schalleistungs-Höchstwert in Milliwatt =

$$= (10 \text{ bis } 32) \times \frac{\text{Rauminhalt in m}^3}{\text{Nachhall in Sek.}} \times 10^{\frac{L-74}{10}}.$$

oder, wenn wir rechts durch 1000 teilen:

Schalleistungs-Höchstwert in Watt =

$$= \frac{\text{Rauminhalt in m}^3}{(32 \text{ bis } 100) \times \text{Nachhall in Sek.}} \times 10^{\frac{L-74}{10}}.$$

Um vom Schalleistungs-Höchstwert auf die Verstärkerausgangsleistung zu kommen, müssen wir den Lautsprecherwirkungsgrad einsetzen (Zahlenwerte s. S. 90). Wir erhalten die Ausgangsleistung, indem wir die Schalleistung durch den Wirkungsgrad teilen. Diesen drücken wir in % aus, wobei wir den Nenner des Bruches durch 100 zu teilen haben:

Verstärkerleistung in Watt =

$$= \frac{\text{Rauminhalt in m}^3}{(0,32 \text{ bis } 1) \times \text{Nachhall in Sek.} \times \text{Lautsprecherwirkungsgrad in } \% \times 10^{\frac{L-74}{10}}}.$$

Als mittleren Durchschnittswert der Lautstärke L setzen wir 60 Dezibel an. Damit wird:

$$10^{\frac{L-74}{10}} = 10^{\frac{14}{10}} = 10^{-1,4} = \text{rund } 0,04 \text{ oder } ^1/_{24},$$

wozu wir erhalten:

Verstärkerleistung in Watt =

$$= \frac{\text{Rauminhalt in m}^3}{(8 \text{ bis } 24) \times \text{Nachhall in Sek.} \times \text{Lautsprecherwirkungsgrad in } \%}.$$

Fassen wir den Nachhall, die heutigen Klanggüteforderungen und das Störgeräusch in einen »Wiedergabewert« zusammen, so nimmt diese Beziehung für geschlossene Räume die folgende Gestalt an, wobei statt der Raumgröße für mittlere Verhältnisse auch die von den Zuhörern eingenommene Bodenfläche oder die Zahl der Zuhörer zugrunde gelegt werden kann:

$$\text{Leistung in Watt} = \frac{\text{Rauminhalt in m}^3 \times \text{Wiedergabewert}}{(10 \text{ bis } 50) \times \text{Lautsprecherwirkungsgrad in } \%}$$

$$= \frac{\text{Fläche in m}^2 \times \text{Wiedergabewert}}{(20 \text{ bis } 100) \times \text{Lautsprecherwirkungsgrad in } \%}$$

$$= \frac{\text{Hörerzahl} \times \text{Wiedergabewert}}{(60 \text{ bis } 300) \times \text{Lautsprecherwirkungsgrad in } \%}.$$

Die beiden letzten Ausdrücke lassen sich mit einiger Vorsicht auch auf Übertragungen im Freien anwenden.

Der Wiedergabewert richtet sich nach der Art der Wiedergabe, nach dem vorhandenen Grundgeräusch und nach dem Nachhall des Raumes etwa folgendermaßen:

Art der Darbietung und Grundgeräusch	Wiedergabewert für folgende Raumverhältnisse		
	großer Nachhall	kleiner Nachhall	freier Platz
Reden ohne Wirtschaftsbetrieb . .	1[1])	2	4
Reden mit Wirtschaftsbetrieb . .	2[1])	3	5
Konzerte mit Wirtschaftsbetrieb .	2	3	5
Unterhaltungsmusik	3	4	8
Tanzmusik	7[1])	10	15

[1]) An sich ungünstig!

Wird die Schallquelle in viele Einzellautsprecher aufgeteilt, die die Hörer aus geringer Entfernung besprechen, so kann man die Wiedergabewerte niedriger wählen. Vor allem gilt dies für freie Plätze, die mit zahlreichen Rundstrahlern besprochen werden. Hierbei dürfen wir rund ein Viertel der angegebenen Werte einsetzen.

Der Lautsprecherwirkungsgrad liegt üblicherweise ungefähr zwischen 1% und 5%. Im Höchstfall erreicht er etwa 10%. Kleine Lautsprecher haben —innerhalb dieser Grenzen— meist auch die geringeren Wirkungsgrade.

1. Beispiel: Ein Kaffee mit einem Rauminhalt von etwa 1500 m³ soll mit Unterhaltungsmusik versorgt werden. Die Lautsprecher haben schätzungsweise 4% Wirkungsgrad. Der Nachhall ist nicht groß.

Der Wiedergabewert ist ungefähr mit 4 anzusetzen. Damit gilt:

$$\text{Mindestverstärkerleistung in Watt} = \frac{1500 \times 4}{50 \times 4} = 30 \text{ Watt.}$$

2. Beispiel: Ein Vortragssaal mit einem Rauminhalt von gleichfalls 1500 m³ soll mit Sprachwiedergabe versorgt werden, wobei kein Wirtschaftsbetrieb in Betracht kommt. Die Lautsprecher haben etwa 3% Wirkungsgrad. Der Nachhall ist ziemlich groß.

Der Wiedergabewert ist hier mit 1 anzusetzen. Damit gilt:

$$\text{Mindestverstärkerleistung in Watt} = \frac{1500 \times 1}{50 \times 3} = 10 \text{ Watt.}$$

3. Beispiel: Eine Fläche von 300 m² soll in einer großen Halle mit Sprachwiedergabe versorgt werden. Das Grundgeräusch ist gering. Die Lautsprecher haben ungefähr 10% Wirkungsgrad.

Der Wiedergabewert ist mit etwa 4 einzusetzen, da eine nennenswerte Verstärkung der Wiedergabe durch einen Nachhall nicht zu erwarten ist. Hiermit gilt:

$$\text{Verstärkerleistung} = \frac{300 \times 4}{(20 \text{ bis } 100) \times 10} = 1,2 \text{ bis } 6 \text{ Watt.}$$

4. Beispiel: 40000 Hörer sind in einem großen Zelt mit Unterhaltungsmusik zu versorgen. Die Lautsprecher haben etwa 4% Wirkungsgrad.

Der Nachhall in einem Zelt ist gering. Demgemäß wäre der Wiedergabewert mit 4 anzusetzen. Da man die Schallquelle aber auf viele Lautsprecher aufteilen wird, die die Hörer ziemlich unmittelbar besprechen, dürfen wir die Hälfte dieses Wertes — also 2 — zugrunde legen:

$$\text{Verstärkerleistung} = \frac{40000 \times 2}{(60 \text{ bis } 300) \times 4} = 67 \text{ bis } 333 \text{ Watt.}$$

Die gesamte Verstärkernennleistung ergibt sich als Summe der Leistungen, die von den im Höchstfall gemeinsam betriebenen Lautsprechern zu fordern ist, zuzüglich der Leistung der Ersatzverstärker, die man gegebenenfalls vorzusehen hat (Bild J 1). Dabei ist es durchaus möglich, daß die Verstärkergesamtleistung einschließlich der Reserveverstärker wesentlich unter der für die Lautsprecher benötigten Gesamt-

leistung bleibt (Bild J 2). Soll die Anlage bei größter Anpassungsfähig-
keit sehr leicht bedienbar sein, so erweist es sich allerdings als günstiger,
jeder Lautsprechergruppe einen besonderen Endverstärker zuzuordnen
(Bild J 3). Für mehrere benachbarte Endverstärker genügt hierbei ein
einziger Ersatzverstärker.

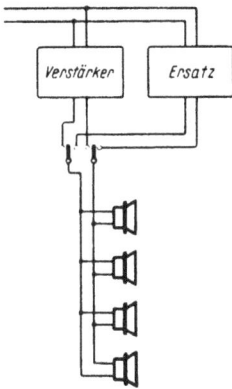

Bild J 1.

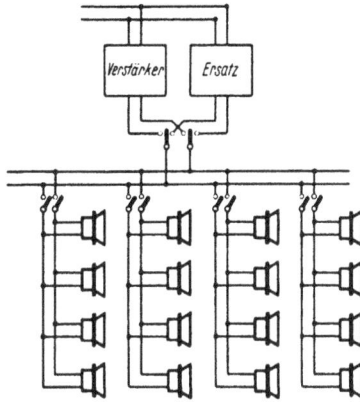

Bild J 2.

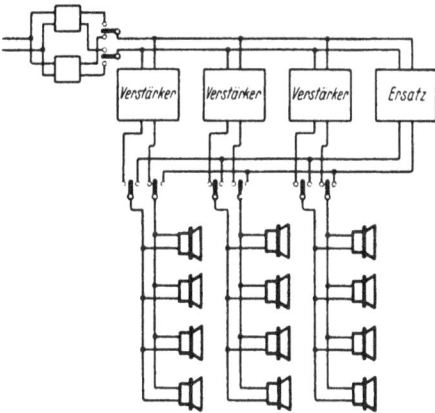

Bild J 3.

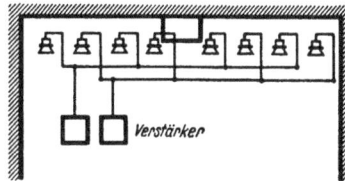

Bild J 4.

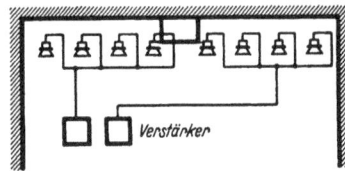

Bild J 5.

Werden mehrere Verstärker eingesetzt, so läßt sich damit die
Sicherheit für die Schallverteilung besonders erhöhen: Man schaltet
die benachbart angeordneten Lautsprecher wechselweise an verschiedene
Verstärker an. Dadurch werden auch bei Ausfall eines Verstärkers
oder eines Lautsprecherstromkreises doch sämtliche Zuhörer noch
einigermaßen ausreichend mit Schall versorgt. Bild J 4 gibt ein Beispiel
für eine Anlage, in der die Lautsprecherstromkreise richtig auf die
Verstärker verteilt sind. Bild J 5 zeigt als Gegenbeispiel eine Anlage, die
von diesem Gesichtspunkt aus falsch entworfen ist.

5. Kopfhöreranschluß an Verstärkeranlagen.

In Krankenhäusern, für die Schwerhörigenplätze in Theatern usw. wird neben dem Betrieb der Lautsprecher auch die Möglichkeit einer Wiedergabe durch Kopfhörer verlangt. Für die Bemessung solcher mit Kopfhörern ganz oder teilweise arbeitenden Anlagen finden sich einige Angaben auf S. 110.

Kommt es betriebsmäßig in Betracht, daß die Wiedergabe nur über Kopfhörer erfolgt, so man darf nicht vergessen, zur Wahrung der richtigen Anpassungsverhältnisse neben die Kopfhörer einen Lautsprecher-Ersatzwiderstand zu schalten.

Beispiel: Verstärkerausgang für 1000 Ω, Verstärkerleistung 10 Watt. 100 Kopfhörer mit je 10 Milliwatt oder insgesamt $100 \times 10 : 1000 = 1$ Watt. Bei 1000 Ω ergibt sich zu 10 Watt:

$$\text{Spannung} = \sqrt{10 \times 1000} = 100 \text{ V und}$$
$$\text{Strom} = 10 : 100 = 0,1 \text{ A.}$$

Auf die Kopfhörer entfällt hiervon ein Strom von

$$1 : 100 = 0,01 \text{ A.}$$

Demzufolge muß in dem nebengeschalteten Widerstand ein Strom von

$$0,1 - 0,01 = 0,09 \text{ A}$$

fließen. Das gibt bei 100 Volt einen Widerstand von $100 : 0,09 = 1100$ Ω. Dieser Widerstand ist den Kopfhörern nebenzuschalten, wenn keine Lautsprecherwiedergabe durchgeführt wird.

6. Die Sicherheitsstufen.

Bei Übertragungsanlagen, die lediglich zur Wiedergabe von Unterhaltungsmusik dienen, braucht keine besondere Sicherheit gefordert zu werden. Man wird für solche Anlagen im allgemeinen keine Reserve vorsehen. Fällt ein Verstärker oder ein Lautsprecherstromkreis aus, so ist damit entweder die ganze Anlage oder der gestörte Teil bis zu seiner Wiederinstandsetzung außer Betrieb. Das ist also die unterste (erste) Sicherheitsstufe.

Für wichtige Übertragungen gilt eine zweite Sicherheitsstufe. Hierbei muß eine genügende Gewähr dafür gegeben sein, daß die Übertragung mit größter Wahrscheinlichkeit ohne Störung durchgeführt werden kann. Man nimmt dies an, wenn außer den benötigten Mikrophonen und Verstärkern als Reserve noch ein zweiter Mikrophonsatz und ein zweiter Verstärkersatz gleicher Leistung vorhanden sind. Reservelautsprecher sieht man üblicherweise nicht vor, da in sachgemäß betreuten Anlagen kaum mit einem Ausfallen der Lautsprecher zu rechnen ist.

Eine dritte Sicherheitsstufe, die in der Praxis meist als höchste Stufe angesehen wird, besteht darin, daß außer der schon in der zweiten Stufe geforderten 100 proz. Reserve an Verstärkern und Mikrophonen auch zwei voneinander unabhängige Stromquellen vorgesehen sind. Innerhalb der Städte hat man als voneinander unabhängige Stromquellen vielfach das Gleichstrom- und das Wechselstromnetz zur Verfügung. Ist — wie auf dem Land — nur eine Stromart vorhanden, so dient als zweite Stromquelle ein Benzinaggregat.

Wird ein Reservemikrophon vorgesehen, wie das für die zweite und dritte Sicherheitsstufe zutrifft, so ist die in Bild J 6 gezeigte Schaltung zu empfehlen. Darin können die beiden Mikrophone mit Hilfe eines doppelpoligen Umschalters wahlweise angeschlossen werden. Da es günstig ist, die beiden Mikrophone, solange es geht, gleichzeitig zu verwenden, um dadurch eine Verbesserung der Wiedergabe zu erreichen,

Bild J 6.

sind die Mikrophone durch einen doppelpoligen Schalter miteinander verbunden. Die Stellung des Umschalters ist bei gemeinsamem Betrieb beliebig.

7. Das Anschalten der Lautsprecher.

Bei gemeinsamer Verwendung mehrerer Lautsprecher sollte darauf geachtet werden, daß sie sämtlich im gleichen Sinn angetrieben werden. Besonders für nahe benachbarte Lautsprecher ist es wichtig, daß ihre Membranen sich gleichzeitig z. B. nach vorn bewegen. Schaltet man die Lautsprecher so, daß die Membranbewegungen entgegengesetzt sind, so wird die Wiedergabe schlecht. Besonders im Bereich der tiefen Töne können sich dabei die Schallwellen gegenseitig auslöschen.

Bei einiger Übung ist es mit dem Gehör feststellbar, ob zwei nebeneinander arbeitende Lautsprecher gleichsinnig angetrieben werden oder nicht: Man stelle sich mitten vor die zwei Lautsprecher einige Meter davon entfernt auf und wende den Kopf abwechselnd dem einen und dem anderen Lautsprecher zu. Bei entgegengesetztem Antrieb spürt man einen Druckunterschied.

Wer sich auf sein Gefühl nicht verlassen möchte, schließt die Lautsprecherleitungen unmittelbar an die einzelnen Schwingspulen an und speist die gesamten Lautsprecherstromkreise aus einem Sammler mit einer Spannung von 4 V. Die beim Einschalten auftretenden Membranbewegungen müssen für alle Lautsprecher gleichsinnig sein, was gleichzeitig durch mehrere Beobachter zu prüfen ist. Voraussetzung ist hier, daß sämtliche Übertrager gleichsinnig geschaltet sind oder daß ohne Übertrager gearbeitet wird.

8. Grundsätzliches zur Aufstellung der Anlage.

Während man Mikrophon und Lautsprecher in größerer Entfernung von dem Verstärker anordnen darf, sollten alle anderen Teile in dessen nächster Nähe aufgestellt werden. Der Hauptverstärker, der gegebenenfalls nötige Vorverstärker, der Plattenspieler und — wenn nötig — der Rundfunkempfänger, der Kontrollautsprecher sowie der Hauptschalter gehören unmittelbar zusammen. Diese Teile sollten sogar möglichst in einem Schrank vereinigt werden. Dies wäre — sowohl vom betriebstechnischen wie auch vom elektrischen Standpunkt aus betrachtet — sehr zweckmäßig (s. hierzu auch S. 79).

Die Leitung zwischen Mikrophon und Verstärker darf üblicherweise bis zu etwa 200 m lang sein (s. S. 45 und 96). Die Lautsprecherleitungen dürfen noch wesentlich länger sein (vgl. S. 48). Für die geschirmte Antennenableitung gilt bei Verwendung von Übertragern als Grenze ganz ungefähr 100 m, womit man wohl immer leicht auskommen kann.

Im allgemeinen ist es günstig, den Verstärker oder gegebenenfalls den Vorverstärker mit allen zugehörigen Teilen in einem besonderen Raum unterzubringen. Hierbei muß ein Kontrollautsprecher die Überwachung der Wiedergabe ermöglichen, und zwischen dem Verstärkerraum und dem Wiedergaberaum muß eine Signaleinrichtung vorgesehen sein.

9. Drei Gesamtschaltungen als Beispiele.

Es hat keinen Zweck, an dieser Stelle viele und ausführliche Schaltbilder zu bringen, da die Fabriken, die die zu Übertragungsanlagen nötigen Bauteile herstellen, derartige Bilder für alle möglichen Fälle gerne zur Verfügung stellen. Hier wollen wir an Hand dreier Schaltungen einen kleinen Überblick gewinnen.

Bild J 7 zeigt eine Anlage, in der ein Rundfunkempfänger mit einer zusätzlichen Endstufe und einem Plattenspieler zusammenarbeitet. Das vielfach entbehrliche Mikrophon fehlt hier. Im oberen Teil des Bildes erkennen wir die Antenne, die mit dem Antennenübertrager und — über die Blitzschutzeinrichtung — mit der Blitzerdung in Verbindung steht. Von dem Antennenübertrager aus führt die geschirmte Antennenableitung zu dem Empfängerübertrager, an den der Empfängereingang angeschlossen ist. Links unten im Bild sehen wir den im wesentlichen aus Elektrodose und Laufwerk bestehenden Plattenspieler. Besitzt dieser einen Regler, so verwenden wir ihn im Bedarfsfall zur einmaligen Anpassung der durchschnittlichen Schalldosenspannung an den Rundfunkempfang.

Durch Zusammenfassung sämtlicher Netzleitungen N wird erreicht, daß die Anlage mit einem Hauptschalter völlig abgeschaltet werden kann. Als Lautsprecher sind hier permanentdynamische Ausführungen vorausgesetzt. Mit Elektromagneten arbeitende dynamische Lautsprecher würden zusätzliche Netzleitungen für die »Erregung« verlangen.

Bild J 8 stellt die Schaltung einer Anlage dar, die gegenüber der von Bild J 7 durch ein Mikrophon ergänzt ist. Wir sehen, daß man außer dem Mikrophon mitunter immer noch zusätzlich einen »Anschluß-« oder »Schaltkasten« braucht, in dem die Mikrophonbatterie, ein Umschalter und ein oder mehrere Regler vereinigt sind.

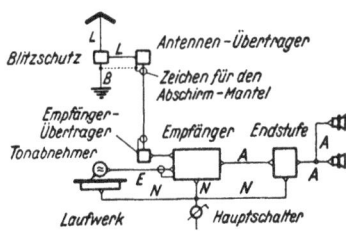

Bild J 7.

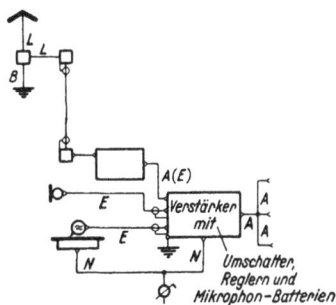

Bild J 9.

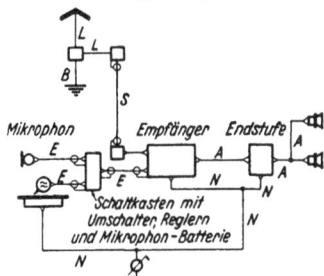

Bild J 8.

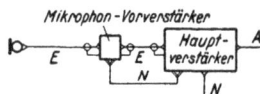

Bild J 10.

Bild J 9 zeigt das Schaltbild einer größeren Anlage, in der ein Verstärker mit hohem Verstärkungsgrad Verwendung findet. Die Anlage ist deshalb recht einfach, weil kein Vorverstärker benötigt wird und weil der Verstärker den Umschalter, die Mikrophonbatterie, die Regler sowie das Anschlußglied für den Rundfunkempfänger enthält.

In älteren Anlagen sind alle diese Dinge einzeln vorhanden. Bild J 10 zeigt, wie man den in solchen Anlagen notwendigen Mikrophonvorverstärker aus dem Hauptverstärker speist.

10. Überblick über die Leitungen.

Für die Verstärkeranlagen kommen folgende Leitungsarten in Betracht, die in den Bildern J 7 und J 9 mit Kennbuchstaben bezeichnet sind:

1. Eingangsleitungen (E) zwischen Mikrophon oder Elektrodose und Verstärker- oder Empfängereingang.

2. Ausgangsleitungen (*A*) zwischen Ausgang des Empfängers oder Verstärkers und Lautsprecher.

3. Geschirmte Antennenableitung (*S*) zwischen Antennenüberträger und Empfängerübertrager.

4. Leitungen (*L*) zwischen Antenne und Antennenüberträger.

5. Blitzerdleitung (*B*) zwischen Blitzschutzeinrichtung und Blitzerdung.

6. Netzleitungen (*N*) zwischen Netz und Netzanschluß des Plattenspielers, Empfängers oder Verstärkers.

7. Verstärker-Erdleitung (*V*).

11. Eingangs- und Ausgangsleitungen.

Sämtliche Eingangsleitungen müssen zweiadrig und geschirmt sein. Unter den heutigen Verhältnissen gilt mit Rücksicht auf S. 45: Die Leitung zwischen Mikrophon und Anschlußkasten oder zwischen Mikrophon und getrenntem Vorverstärker darf ebenso wie die durchgehende Leitung zwischen Mikrophon und Verstärker, wenn nichts anderes besonders angegeben ist, bis zu etwa 200 m lang sein. Die Längen der übrigen Eingangsleitungen sollten (ebenfalls mit Rücksicht auf S. 45) jeweils 1 m nicht erheblich überschreiten.

Die Abschirmungen sind sorgfältig mit den hierfür vorgesehenen Anschlußstellen der Gehäuse zu verbinden. Die eigentliche Erdung ist lediglich am Verstärker vorzunehmen. Bei Betrieb aus dem Gleichstromnetz erweist es sich zur Bekämpfung des Netztones meist als günstig, auf die Erdung zu verzichten. In diesem Fall sind lediglich sämtliche Abschirmungen (einschließlich der Gehäuse) miteinander zu verbinden.

Als Eingangsleitungen sind zu verwenden:

1. Bewegliche Leitungen: Gummikabel NLHCI 2 × 0,75 oder, wenn Speiseleitungen in Betracht kommen, NLHCI 5 × 0,75;

2. in trockenen Räumen festverlegte Leitungen: NRAN 2 × 1 (zur Not auch Rohrdraht NRA oder Z-Draht, wobei aber Vorsicht geboten ist);

3. in feuchten Räumen festverlegte Leitungen: NBU 2 × 1,5 oder NBEU 2 × 1,5;

4. im Erdboden verlegte Leitungen: NKBA 2 × 1,5 oder NAKBA.

Die Ausgangsleitungen können in gleicher Weise ausgeführt werden wie die Lichtleitungen, also z. B. NGA 2 × 1 oder 2 × 1,5. Billiger und doch durchaus einwandfrei ist G-Draht 2 × 0,8 mm, 2 × 1, 1 × 0,8 oder 1 × 1. Im besonderen sind zu empfehlen:

1. Für Innenleitungen in Rohren NGA-Draht oder G-Draht oder Z-Draht oder in feuchten Räumen Bleikabel gummiisoliert ohne Rohre NBU.
2. Für Außenleitungen möglichst Freileitungen (NGAW oder blanker Draht), die elektrisch günstig und außerdem auch billig sind. Im übrigen Erdkabel NKBA 2 × 1,5 oder NAKBA.

12. Die Leitungen für die Antennenanlage.

Für die geschirmte Antennenableitung ist jedes zu den in Betracht gezogenen Übertragern passende geschirmte Kabel verwendbar, also z. B. zu den Siemens- und Telefunken-Übertragern die Kabel dieser Firmen oder Kabel, die im grundsätzlichen Aufbau ähnlich sind (Luft-zwischenraum zwischen Innenleiter und Mantel). Für Außenverlegung gibt es neuerdings ein besonders wetterbeständiges Kabel (Siemens und Telefunken).

Für die freien Stücke der Antennenableitung, die meist recht kurz sind (höchstens etwa 1 m), können beliebige blanke Leiter verwendet werden. Man beachte, daß Aluminium unmittelbar nur mit Aluminium oder mit gut kadmiertem Eisen verbunden werden darf. Bei Verbindungen zwischen Aluminium und Messing oder Kupfer sind stets Kupal-zwischenlagen zu verwenden.

Als Blitzerdleitung wird — den VDE-Vorschriften für Außen-antennen gemäß — verzinkter Eisendraht mit wenigstens 3 mm Durch-messer benutzt. Ein größerer Durchmesser als 3 mm ist selbstverständ-lich statthaft, kann aber beim Anschluß an die Blitzschutzeinrichtung Schwierigkeiten machen. Als Blitzerdung genügt ein Anschluß an die Wasserleitung, an die geerdete Zentralheizung oder an eine Blitzschutz-anlage.

13. Die Netzleitung und die Verstärker-Erdleitung.

Über die Netzleitungen braucht hier nichts Besonderes erwähnt zu werden, da diese Leitungen ohnehin nur von zugelassenen Installa-teuren verlegt werden dürfen. Die Verlängerung vorhandener Leitungen durch Anschluß langer Litzen ist von den Elektrizitätswerken vielfach, und zwar mit Recht, verboten. Solche Litzen sind nie besonders zu-verlässig.

Als Verstärker-Erdleitung kann irgendeine Leitung mit ge-ringem Widerstand (blank oder — bei Verlegung in Rohren — isoliert) verwendet werden. In bezug auf das Netzbrummen gilt dabei folgendes: Bei Wechselstrom-Netzanschlußteilen kann das Netzbrummen durch die Erdung vielfach erheblich gemildert werden, wofür ein Erdungsdraht von 1,5 mm² Querschnitt wohl stets genügen dürfte (s. weiter unten). Bei Gleichstrom- und Allstrom-Netzanschlußteilen bringt die Erdung fast immer ein verstärktes Brummen mit sich. Da die Erdung hier aber vorgeschrieben ist, muß sie durchgeführt werden. Das Brummen wird dabei durch eine Erdungsdrossel bekämpft, die man in die Erdleitung einschaltet. Da diese Drossel hinsichtlich des Brummens eine hohe Induktivität und wegen der Erdung einen geringen Leitungswiderstand haben muß, ist sie groß und teuer. Der Querschnitt der Erdungsleitung ist durch die Elektrizitätswerke vorgeschrieben ($6\,mm^2$).

14. Die Lautsprecher-Erregerleitung.

Die Erregung geschieht mit Gleichstrom, der entweder unmittelbar aus dem Gleichstromnetz oder über Gleichrichter, die an die Lautsprecher angebaut werden, aus dem Wechselstromnetz entnommen wird.

Der Betrieb aus dem Gleichstromnetz ist jedoch ungünstiger als der, der mit Hilfe besonderer Gleichrichter aus dem Wechselstromnetz erfolgt: Beim Unterbrechen des Feldgleichstromes wird die im Magnetfeld aufgespeicherte Arbeit frei. Während der Feldstrom im abgeschalteten Gleichrichter eine genügende, wenn auch nur ziemlich kurze Zeit zur Verfügung hat, um abzuklingen, geschieht die Unterbrechung beim Abschalten des Netzgleichstromes plötzlich, wobei infolge des Magnetfeldes beträchtliche Überspannungen entstehen können. Um diese zu verhindern, schaltet man neben die Feldspule eine Glimmlampe, die dem Schaltspannungsstoß einen Ausgleichweg bietet und überdies noch anzeigt, daß die Erregung eingeschaltet ist.

Die Erregerleitungen, die als Netzleitungen zu behandeln sind, müssen — vor allem wegen der sonst bestehenden Verwechslungsgefahr — in besonderen Rohren (also getrennt von den Tonleitungen) verlegt werden. Zum Schalten des Erregergleichstromes verwende man gute Messerschalter. Lichtschalter sind hierfür zu schwach.

15. Die Antenne.

Für Übertragungsanlagen soll stets eine Hochantenne oder in Ausnahmefällen wenigstens eine Dachbodenantenne verwendet werden. Wichtig ist, daß die Hochantenne möglichst hoch und frei angeordnet wird. Die besondere Form der Antenne spielt meist keine Rolle. Stabantennen haben den Vorteil, daß sie mit jeweils einem einzigen Stützpunkt auskommen und wegen ihrer senkrechten Anordnung mit benachbarten elektrischen Leitungen nicht gleiche Richtung haben.

Wegen des Antennenbaues wende man sich an ein Fachgeschäft, das in der Einrichtung geschirmter Antennenanlagen nachweisbar über größere Erfahrungen verfügt.

16. Das Postanschlußglied.

Daß man den Drahtfunkanschluß über besondere, von der Post genau vorgeschriebene Anschlußglieder vorzunehmen hat, ist wohl ziemlich bekannt. Solche Anschlußglieder müssen aber auch benutzt werden, wenn man zur Übertragung irgendwelcher Reden auf Parallelversammlungen posteigene Leitungen verwenden will. Hierbei werden beide Enden dieser Leitungen mit der Übertragungsanlage über Postanschlußglieder verbunden. Meist verwendet man vieradrige Leitungen, wobei ein Adernpaar zur Übertragung und das andere Adernpaar zur gegenseitigen Verständigung dient. Da die Adernpaare nicht immer ganz gleichwertig sind, erprobt man, welches Paar das für die Übertragung bessere ist. Die Anschlußglieder sollten demgemäß mit Umschaltern versehen sein, die es auf bequeme Weise ermöglichen, das für die Übertragung günstigere Adernpaar zu wählen.

Zusammenfassung:

1. Den Ausgangspunkt der Planung bilden die zu besprechenden Räume und die zugehörigen Lautsprechernennleistungen.
2. Die gesamte Nennleistung der im Höchstfall gleichzeitig betriebenen Lautsprecher soll mindestens so groß wie die gesamte Nennleistung der sie betreibenden Verstärker, besser aber beträchtlich größer als diese gewählt werden.
3. Wesentlich ist, welche Aufnahmeeinrichtungen verlangt werden. Vielfach genügt ein Rundfunkempfänger oder ein Drahtfunkanschluß und ein elektrischer Plattenspieler. Mikrophone bedeuten manchmal einen bedeutenden Mehraufwand.
4. Die eigentliche Verstärkeranlage — der oder die Hauptverstärker, der Kontrollautsprecher, der Plattenspieler, das Rundfunkgerät, die Schalteinrichtung und gegebenenfalls der Vorverstärker — sollten in einem gemeinsamen Raum untergebracht und möglichst in einen gemeinsamen Schrank eingebaut werden.
5. Besondere Sorgfalt ist auf die Auswahl und den Anschluß der Eingangsleitungen zu verwenden.
6. Die Netzleitungen müssen von zugelassenen Installateuren verlegt werden.
7. Bei Errichtung der Antennenanlage sind die Antennenvorschriften in ihrer jeweils gültigen Fassung zu beachten.

K. Anpassung.

1. Grundsätzliche Bemerkungen.

In Übertragungsanlagen müssen die Lautsprecher an den Verstärkerausgang angepaßt werden. Außerdem sind in Übertragungsanlagen Anpassungen vielfach bei der Verbindung eines Verstärkers mit den Aufnahmeeinrichtungen (vor allem in Mischschaltungen) sowie beim Vorschalten eines Verstärkers vor andere Verstärker notwendig. »Anpassen« heißt in diesem Zusammenhang: Den Widerstand des angeschalteten Teiles (den »Außenwiderstand« oder »Belastungswiderstand«) auf den Wert bringen, der an dem gewählten Ausgang des vorangehenden Teiles die günstigsten Betriebsbedingungen ergibt.

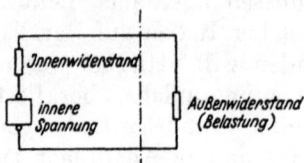

Innenwiderstand

innere Spannung

Außenwiderstand (Belastung)

Bild K 1.

Wohl werden mitunter die günstigsten Betriebsbedingungen erreicht, wenn der Belastungswiderstand gleich dem Ausgangswiderstand des vorangehenden Teiles ist. (Statt »Ausgangswiderstand« sagt man häufig auch »Innenwiderstand«; s. Bild K 1.)

Bei Endstufen aber ergeben sich die günstigsten Betriebsbedingungen nur ausnahmsweise für einen mit dem Innenwiderstand übereinstimmenden Außenwiderstand. Meist weicht der für die praktisch günstigste Anpassung geltende Außenwiderstand weit von dem Wert des Innenwiderstandes ab.

Da hierüber und auch über noch einfachere Anpassungsfragen vielfach falsche Ansichten bestehen, sollen die wichtigsten Punkte nachstehend kurz behandelt werden:

1. Bei sämtlichen Anpassungen sind nicht die Gleichstromwiderstände oder die Drahtwiderstände der Wicklungen maßgebend, sondern die für eine mittlere Tonfrequenz (800 oder 1000 Hertz) geltenden Wechselstromwiderstände. Diese Wechselstromwiderstände werden häufig fälschlicherweise »Scheinwiderstände« oder noch, wie das vor Jahrzehnten üblich war, »Impedanzen« genannt.

2. Die Aussteuerbarkeit eines Verstärkers hängt stark von dem Wert des daran angeschlossenen Außenwiderstandes ab. Bestünde diese Abhängigkeit nicht, so wäre es richtig, z. B. für beste Ausnutzung der steuernden Spannung den Außenwiderstand gleich dem Innenwiderstand und für beste Ausnutzung der Anodengleichspannung den Außenwiderstand doppelt so groß wie den Innenwiderstand zu machen. Bei diesen Anpassungen aber wäre im allgemeinen die in der Endstufe hinreichend verzerrungsfrei aussteuerbare Leistung zu gering.

2. Betrachtungen an Hand der Kennlinienbilder.

Wer mit den Röhrenkennlinien und Arbeitskennlinien noch ungenügend vertraut ist, braucht diesen Abschnitt nicht durchzuarbeiten. Es genügt, wenn er einstweilen nur das Fettgedruckte zur Kenntnis nimmt. Den anderen Lesern aber ermöglicht dieser Abschnitt immerhin eine Vertiefung der Erkenntnisse.

Bild K 2 zeigt das Anodenstrom-Anodenspannungs-Kennlinienbild einer Fünfpolendröhre nebst zwei Arbeitskennlinien mit den zugehörigen Leistungsdreiecken. Deren Flächen sind den an die Belastung abgegebenen Wechselstromleistungen verhältnisgleich.

Das größere der beiden Dreiecke gehört zu der Leistung, die sich für den Fall ergibt, in dem der Außenwiderstand geringer ist als der Innenwiderstand der Röhre. Das kleinere Dreieck veranschaulicht die Leistung, die bei festgelegter Verzerrung an den Außenwiderstand abgegeben würde, wenn dieser dem Innenwiderstand gleich wäre.

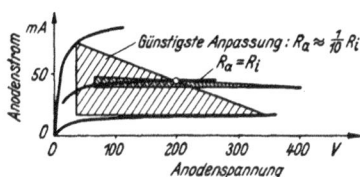

Bild K 2.

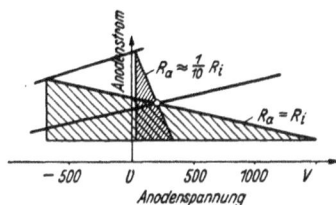

Bild K 3.

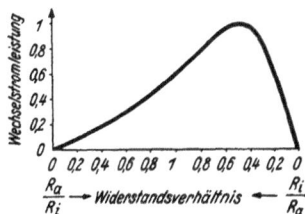

Bild K 4.

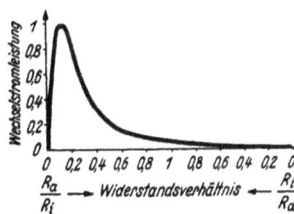

Bild K 5.

Bild K 3 enthält — mit einem anderen Anodenspannungsmaßstab — das größere Dreieck von Bild K 2 und außerdem noch das Dreieck für den Fall, daß der Anodenwiderstand gleich dem Innenwiderstand ist, wobei die Röhrenkennlinien — entgegen den tatsächlich vorhandenen Bedingungen — nach links geradlinig weiterlaufen. Das zugehörige Dreieck fällt demgemäß viel größer aus als das Dreieck, das zu der für den Betrieb richtigen Anpassung gehört. Die Bilder K 2 und K 3 beweisen somit, daß für einen dem Innenwiderstand gleichen Außenwiderstand der Leistungshöchstwert nur bei fehlender Begrenzung der Aussteuerung erreicht würde.

Wie die hinreichend verzerrungsfrei abgebbare Leistung für die verschiedenen Endstufenarten vom Widerstandsverhältnis abhängt, wird durch die Bilder K 4 mit K 7 grundsätzlich veranschaulicht. Diese Bilder zeigen, daß die aussteuerbare Leistung von der Anpassung bestimmt wird, und beweisen, daß die richtige Anpassung nicht an ein allgemein gültiges Widerstandsverhältnis gebunden ist. Aus alledem folgt:

Der Ausgangswiderstand des Verstärkers kann an sich keinen Anhaltspunkt für die günstigste Anpassung geben. Man muß den Belastungswiderstand vielmehr auf den Wert bringen, der vom Hersteller des Verstärkers zum gewählten Verstärkerausgang für die Belastung vorgeschrieben wird.

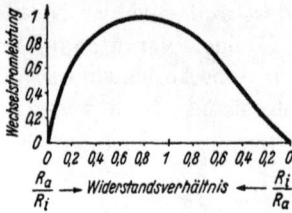

Bild K 6.

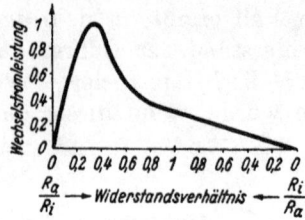

Bild K 7.

Die Bilder K 4 mit K 7 gelten für volle Ausnutzung des jeweils
hinreichend verzerrungsfrei aussteuerbaren Bereiches. Sie zeigen somit
die Zusammenhänge, die für eine — bei mittlerer Frequenz und demnach für einen bestimmten Belastungswiderstand vorgenommene —
Anpassung wesentlich sind.

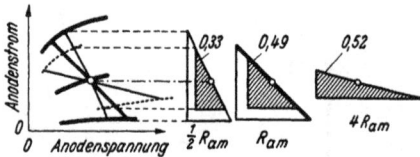

Bild K 8.

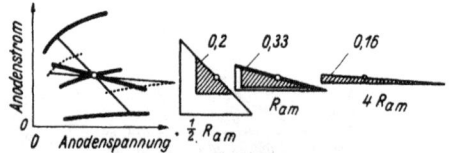

Bild K 9.

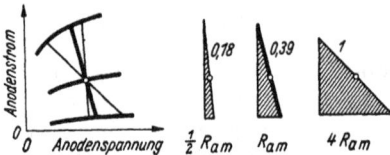

Bild K 10.

Wollen wir jedoch verfolgen, wie
sich die Änderungen des als Belastung
wirkenden Lautsprecherwiderstandes
auswirken, so haben wir statt von
einer jeweils völligen Aussteuerung von
einer gleichbleibenden Gitterwechselspannung auszugehen, wozu in den Bildern K 8
mit K 10 die schraffierten Teile der Leistungs-
dreiecke gehören, deren Werte in Bruchteilen
des ganzen Grundleistungsdreieckes von Bild K 8
angegeben sind.

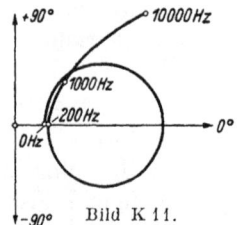

Bild K 11.

Das Grunddreieck gehört jeweils zu dem
Wert R_{am} des Außenwiderstandes, der der Anpassung zugrunde gelegt ist. Dem linken Dreieck
entspricht der halbe und dem rechten Dreieck der vierfache Betrag
dieses Widerstandes R_{am}.

In Bild K 8 ist R_{am} richtig angepaßt; in Bild K 9 hat R_{am} hingegen
einen Wert, der viermal so groß ist wie der für die richtige Anpassung

geltende Wert. Und in Bild K 10 beträgt R_{am} nur ein Viertel des zu der richtigen Anpassung notwendigen Wertes. Bild K 9 zeigt also eine Überanpassung und Bild K 10 eine Unteranpassung.

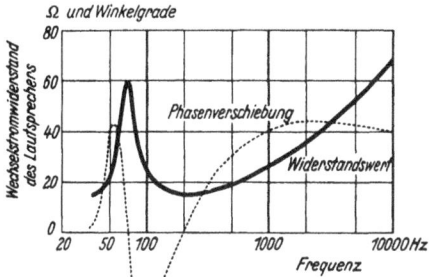

Bild K 12.

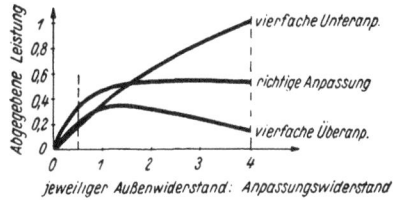

Bild K 13.

Schwankt der Widerstand R_a zwischen $\frac{1}{2}$ R_{am} und 4 R_{am}, so ändert sich die abgegebene Leistung bei stets gleichem Wert der Gitterwechselspannung — d. h. bei stets gleicher Aussteuerung — gemäß den Kennlinienstücken, die von den beiden gestrichelten, senkrechten Geraden eingegrenzt sind.

Unter der nicht immer gültigen Voraussetzung, daß der Lautsprecherwiderstand mit wachsender Frequenz steigt (Bild K 11 und K 12), ergibt sich aus Bild K 13 bei Unteranpassung eine Bevorzugung der hohen und bei Überanpassung eine weniger beträchtliche Bevorzugung der tiefen Töne.

Hiermit schließen wir die Folgerungen aus den Kennlinienbildern zunächst ab und gehen im nächsten Abschnitt auf die in der Praxis ausgenutzten Möglichkeiten zur Durchführung der Anpassung über.

3. Anpassungsübertrager und Anpassungsschaltung.

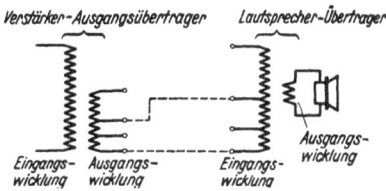

Bild K 14.

Zur Anpassung der Lautsprecher an die Verstärkerendröhren sind beim heutigen Stand der Technik stets Übertrager notwendig. Meist ist außer dem

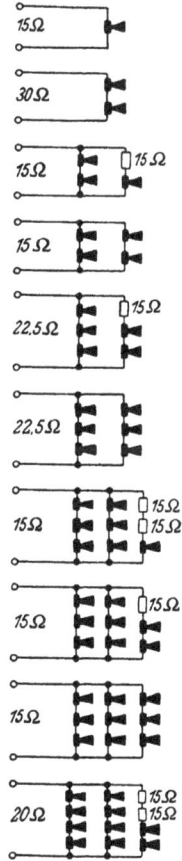

Bild K 15.*)

*) Anpassungsschaltung mit Lautsprechern, deren Triebspulen-Wechselstromwiderstände mit je 15 Ω angesetzt sind. Die Schalleistung soll gleichmäßig auf die einzelnen Lautsprecher verteilt werden. Deshalb sind in manchen Schaltungen Ersatzwiderstände eingefügt. Die links angegebenen Werte gelten für die Gesamtwiderstände.

Ausgangsübertrager des Verstärkers auch vor jedem Lautsprecher ein (mit diesem in der Regel zusammengebauter) Übertrager vorhanden. Wie der Ausgangsübertrager des Verstärkers ist auch der zum Lautsprecher gehörige Übertrager an den beiden Wicklungen, die dem Zusammenschalten dienen, mit Anzapfungen versehen (Bild K 14). Das gibt die notwendige Freiheit in der Wahl der Anpassungsbedingungen. Im übrigen kann man den Lautsprecherübertrager beiseite lassen und die Lautsprechertriebspule (auch »Schwingspule« genannt) unmittelbar an den Ausgangsübertrager des Verstärkers anschließen. Hiervon macht man nicht selten bei geringen Entfernungen zwischen dem Verstärker und den Lautsprechern Gebrauch, wobei man die einzelnen Triebspulen nicht immer nur nebeneinander, sondern — zur Gewinnung günstiger Gesamtwiderstandswerte — manchmal auch hintereinander schaltet (s. aber S. 108). Bild K 15 zeigt mehrere solcher Anpassungsschaltungen.

4. Die Wirkungsweise des Anpassungsübertragers.

Wie schon bemerkt, hat jeder Übertrager zwei Wicklungen, die über einen gemeinsamen Eisenkern miteinander verkettet sind (Bild K 16). Die beiden Wicklungen weisen verschiedene Windungszahlen auf, was zunächst eine Übersetzung der Wechselspannung bewirkt.

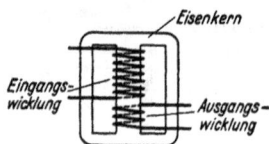

Die eine der beiden Wicklungen (die »Eingangswicklung«) liegt an der zu übersetzenden Spannung. An der anderen Wicklung (der »Ausgangswicklung«) wird die übersetzte Spannung abgenommen. Die Höhe der Übersetzung ist durch das Verhältnis der Windungszahlen gegeben.

Eisenkern

Eingangswicklung

Ausgangswicklung

Bild K 16.

Wenn die Ausgangswicklung, an der wir die Spannung abnehmen, doppelt so viele Windungen hat wie die Eingangswicklung, ist die abgenommene Spannung zweimal so groß wie die Spannung, die wir »übersetzen« wollen. Besitzt dagegen die Ausgangswicklung nur ein Zehntel der Windungen der Eingangswicklung, so beträgt der Wert der abgenommenen Spannung nur ein Zehntel des Wertes der angelegten Spannung.

Hand in Hand mit der Spannungsübersetzung geht eine Wandlung des Stromwertes. — Daß das so sein muß, ist leicht einzusehen: Falls die abgenommene Spannung doppelt so groß ist wie die zugeführte, darf der abgenommene Strom höchstens den halben Wert des zugeführten Stromes aufweisen. Andernfalls käme, da das Produkt aus Spannung und Strom — bei Wirkbelastung — die Leistung bedeutet, aus dem Übertrager mehr Leistung heraus, als man hineinschickt. Wenn die Windungszahl der Ausgangswicklung nur ein Zehntel der Windungszahl der Eingangswicklung beträgt, muß in der Ausgangswicklung ein ungefähr zehnmal so hoher Strom fließen wie in der Eingangswicklung.

Aus diesen beiden Beispielen ist zu erkennen, daß Spannung und Strom im umgekehrten Verhältnis gewandelt werden: Zu doppelter Spannung gehört halber Strom und zu einer Spannung von einem Zehntel des ursprünglichen Wertes zehnfacher Strom.

Der Widerstand ist stets durch das Verhältnis der Spannung zum zugehörigen Strom gegeben. Das bedeutet — in Verbindung mit der eben behandelten Strom- und Spannungswandlung —, daß jeder Übertrager auch den Widerstand wandelt und daß die Widerstandswandlung mit der Übersetzung des Übertragers fest zusammenhängt.

5. Der zahlenmäßige Zusammenhang.

Wenn der Übertrager die Spannung auf das Doppelte übersetzt und den Strom gleichzeitig auf den halben Wert, so bedeutet das eine Widerstandswandlung auf das Vierfache: Doppelte Spannung bei gleichem Strom und halber Strom bei gleicher Spannung bedeuten doppelten Widerstand. Da Strom und Spannung gemeinsam gewandelt werden, ergibt sich eine zweifache Verdopplung und damit eine Vervierfachung des Widerstandswertes.

Um diesen Zusammenhang völlig klar zu erkennen, wollen wir für den zweiten als Beispiel herangezogenen Übertrager bestimmte Zahlenwerte annehmen:

Die Eingangsspannung möge 20 V betragen. Dazu gehört für ein »Übersetzungsverhältnis von 10:1« eine Ausgangsspannung von 2 V. Bei diesen 2 V werde ein Strom von 800 mA entnommen. Dem entspricht für die zehnfach höhere Eingangsspannung ein Strom von 800:10 = 80 mA. Also:

          Eingang . . . . . . 20 V   80 mA
          Ausgang . . . . . . 2 V 800 mA

Wir bestimmen die zugehörigen Widerstände:

          Eingang . . . . . . 20 000 mV : 80 mA = 250 Ω
          Ausgang . . . . . . 2 000 mV : 800 mA =   2,5 Ω

Allgemein gilt somit: Die Widerstände werden entsprechend dem Quadrat des Übersetzungsverhältnisses gewandelt. Beispiel: Übersetzungsverhältnis 10:1; Widerstandswandlung $10^2:1 = 100:1$.

6. Über die Praxis des Anpassens.

Erfahrungsgemäß wird der Anpassung nicht immer das Verständnis entgegengebracht, das ihr gebührt. Vielfach liegt bei nicht befriedigender

Wiedergabe der Fehler in der Anpassung. Demgemäß ist es gut, den folgenden Abschnitten besondere Aufmerksamkeit zu schenken. Das möge auch der tun, der mit den vorangehenden Abschnitten nicht zurecht gekommen ist.

Hinsichtlich der Anpassung haben wir drei Arten der Übertragungsanlagen zu unterscheiden:

1. Die Anlage mit einem einzigen Lautsprecher.

2. Die Anlage mit mehreren gleichen Lautsprechern, die mit gleichen Leistungen zu betreiben sind.

3. Die Anlage mit mehreren Lautsprechern, die verschiedene Leistungen verarbeiten sollen.

Diese drei Fälle werden nacheinander behandelt. Dabei bieten die Ausführungen über die Anlagen mit einem einzigen Lautsprecher die Grundlage für die Betrachtung der beiden anderen Fälle, da der Gesamtwiderstand mehrerer Lautsprecher für die Anpassung dieselbe Rolle spielt wie der Widerstand des einzelnen Lautsprechers.

Für das Folgende sind die nachstehenden Punkte, auf die auch an anderen Stellen des Buches hingewiesen ist, stets zu beachten:

1. Alle bei Anpassungen erwähnten Widerstände sind Wechselstromwiderstände (»Scheinwiderstände«, »Impedanzen«) für eine mittlere Frequenz (800 oder 1000 Hertz). Es wäre somit grundsätzlich falsch, etwa Gleichstromwiderstände zu messen, um daraus Schlüsse auf die Anpassung zu ziehen.

2. Die für den Verstärkerausgang angegebenen Widerstandswerte gelten für die an diese Verstärkerausgänge anzuschließenden Belastungen (Lautsprecher). Diese Werte haben mit den Ausgangswiderständen (Innenwiderständen) der Verstärker nichts zu tun.

3. 10% Abweichung von der richtigen Anpassung sind belanglos. 20% Abweichung können noch durchaus ertragen werden. Lassen sich solche oder größere Abweichungen nicht vermeiden, so wähle man den Belastungswiderstand lieber etwas zu groß (Überanpassung) als etwas zu klein (Unteranpassung).

4. Grobe Anpassungsfehler (zu starke Über- oder Unteranpassung) äußern sich mitunter durch falsche Klangfarbe (bei Überanpassung zu dunkel, bei Unteranpassung zu hell). S. hierzu auch den folgenden Abschnitt!

7. Folgen einer falschen Anpassung an den Verstärkerausgang.

Durch richtige Anpassung erreicht man eine gute Ausnutzung der Verstärkerendstufe; falsche Anpassung ergibt eine verringerte Verstärker-Ausgangsleistung (vgl. Bild K 3 mit K 7).

Da die Lautsprecher frequenzabhängige Widerstände haben, wird bei falscher Anpassung außerdem der Frequenzgang geändert. In welcher Weise das geschieht, hängt vor allem von der Frequenzabhängigkeit des Lautsprecher-Eingangswiderstandes ab: Nimmt der Lautsprecherwiderstand mit wachsender Frequenz zu, so erhalten wir für Überanpassung (zu hoher Durchschnittswert des Lautsprecher-Eingangswiderstandes) eine Bevorzugung der tiefen Töne und für Unteranpassung eine Bevorzugung der hohen Töne. Bei den heute meist üblichen Lautsprechern mit unmittelbar strahlender Konusmembran steigt der Widerstand — ab etwa 80 bis 200 Hertz — mit zunehmender Frequenz. Da in Übertragungsanlagen heute noch vielfach die tiefen Töne unterdrückt werden, ist somit der Fall des mit der Frequenz steigenden Lautsprecherwiderstandes häufig gegeben.

Man beachte, daß bei andersartigem Zusammenhang zwischen Lautsprecherwiderstand und Frequenz die Überanpassung keine dunkle und die Unteranpassung keine helle Färbung des Klanges zu bewirken braucht. Schon bei Konuslautsprechern, deren Resonanzbereich (s. S. 102) noch mit ausgenutzt wird, ergibt sich im Bereich tiefer Frequenzen ein anderer Widerstandsverlauf. Und Trichterlautsprecher weisen sogar fast frequenzunabhängige Widerstände auf.

8. Ein einziger Lautsprecher.

Dieser erste Fall ist recht einfach: Wir brauchen lediglich zu beachten, daß der für den Verstärkerausgang vorgeschriebene Belastungswiderstand mit dem Widerstand des Lautsprechers oder des durch ihn belasteten Übertragers möglichst gut übereinstimmt.

Beispiel: Auf dem Verstärker steht: 6 Ω, 200 Ω, 500 Ω. Der im Lautsprecher eingebaute Übertrager hat Anschlüsse für 200, 500, 1000 und 2000 Ω, während für die Schwingspule 6 Ω angegeben sind. Wir können grundsätzlich verbinden: 500 Ω am Verstärker mit 500 Ω am Lautsprecher, 200 Ω am Verstärker mit 200 Ω am Lautsprecher sowie auch 6 Ω am Verstärker mit 6 Ω am Lautsprecher (wobei der Lautsprecher im letzten Fall ohne Übertrager benutzt und unmittelbar mit seiner Schwingspule angeschlossen wird).

Die zwei erstgenannten Möglichkeiten kommen beide für kleinere und größere Entfernungen in Betracht (s. S. 47). Die letzte Möglichkeit, 6 Ω, kann nur ausgenutzt werden, wenn die Entfernung zwischen Verstärker und Lautsprecher gering, der Leitungswiderstand also klein ist, da andernfalls zu große Verluste auftreten.

9. Mehrere gleiche Lautsprecher für gleiche Leistungen.

Mehrere Lautsprecher können an sich sowohl in Hintereinanderschaltung (Bild K 17 und K 19) wie auch in Nebeneinanderschaltung
(Bild K 18) angeschlossen werden (s. a. Bild K 19). Die Nebeneinanderschaltung wird jedoch meist
vorgezogen, da sie eine
größere Betriebssicherheit ge-
währleistet als die .Hinter-
einanderschaltung. Außer-
dem ist dem Installateur auf
Grund der Lichtschaltungen
die Nebeneinanderschaltung
geläufiger als die Hintereinanderschaltung.

Die größere Betriebs-
sicherheit der Nebeneinanderschaltung beruht darauf, daß

Bild K 17.   Bild K 18.

Bild K 19.*)

bei ihr die Unterbrechung
der Eingangswicklung eines
einzigen Lautsprecherübertragers nur diesen einen Lautsprecher außer Betrieb setzt,
während sie bei Hinter-
einanderschaltung die ganze
Anlage lahmlegt.

Für gleiche, nebeneinan-
dergeschaltete Lautsprecher
gilt: Widerstand der ge-
samten Nebeneinanderschaltung = Widerstand des einzelnen Lautsprechers : Zahl der Lautsprecher.

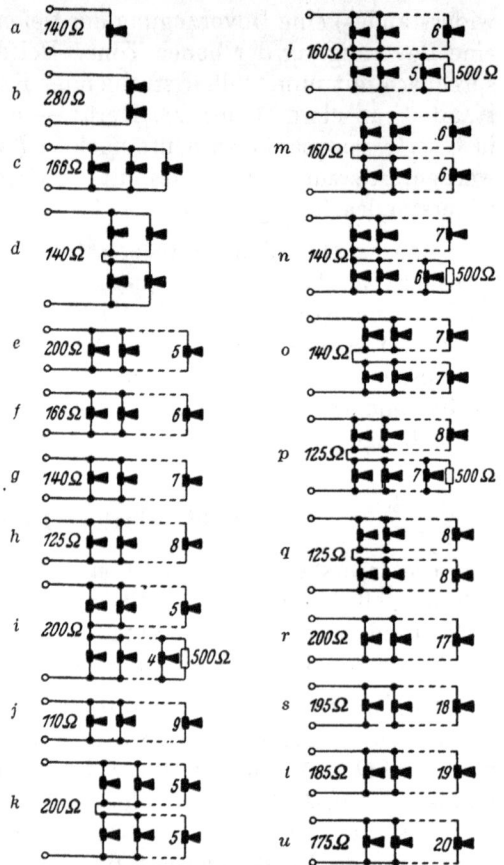

---

*) Dem Bild K 15 entsprechende Anpassungsschaltungen, wobei jedoch die in
den Lautsprechern vorgesehenen Übertrager ausgenutzt sind. Dabei gehören zu den
einzelnen Lautsprecherübertragern folgende Eingangswiderstände: a, b, d 140 Ω;
c, i, k, l, m, n, o, p, q 500 Ω; e, f, g, h, j 1000 Ω; r, s, t, u 3500 Ω. Die Zahl, die jeweils
links neben dem rechten Lautsprecherzeichen steht, gibt an, wie viele Lautsprecher
in der betreffenden Gruppe vereinigt sind.

Beispiel: An einem Verstärker mit 140/500/1000/2000 Ω sind 7 Lautsprecher mit 5000/12000 Ω anzuschließen. Wir können hier wählen zwischen 5000:7 = 710 Ω und 12000:7 = 1710 Ω Lautsprecher-Gesamtwiderstand. Wählen wir die erste Möglichkeit, so ergibt sich zusammen mit dem 500-Ω-Anschluß des Verstärkers eine mäßige Überanpassung, die noch durchaus zulässig ist.

10. Mehrere Lautsprecher für verschiedene Leistungen.

Während eine gleichmäßige Leistungsverteilung in größeren, mit mehreren Lautsprechern zu besprechenden Versammlungsräumen mitunter möglich ist, wird man vor allem bei der gleichzeitigen Besprechung verschiedener Räume fast immer mit ungleichmäßiger Leistungsverteilung zu rechnen haben. Dies wird hier für die (übliche) Nebeneinanderschaltung betrachtet.

Dabei schätzt man zunächst die von den einzelnen Lautsprechern zu verarbeitenden Leistungen (s. S. 88) und zählt diese Einzelleistungen zusammen. Beispiel: 8 Watt, 5 Watt, 2 × 2 Watt, 1 Watt. Das gibt zusammen 18 Watt. Die berechnete Leistung stimmt mit der erforderlichen Mindestleistung des Verstärkers überein. Man wählt den Verstärker vielfach etwas größer (hier z. B. wenigstens für 20 Watt).

Die ermittelte Leistungssumme (in unserem Beispiel mit 18 Watt) vervielfachen wir mit dem vorerst in Betracht gezogenen Anpassungswiderstand des Verstärkers und erhalten so den »Anpassungsgrundwert«.

Beispiel: Leistung 18 Watt, Anpassungswiderstände des Verstärkers 500/1000 Ω. Wir wählen die 1000 Ω. Hierfür ergibt sich als Anpassungsgrundwert 18 × 1000 = 18000.

Diesen Anpassungsgrundwert teilen wir nun einzeln durch die verschiedenen Lautsprecherleistungen und erhalten die Lautsprecher-Anpassungswiderstände.

Der erste Lautsprecher unseres Beispieles muß 8 Watt verarbeiten. Das gibt 18000:8 = 2250 Ω. Wir wählen 2500 Ω als üblichen, für diesen Lautsprecher beispielsweise sogar listenmäßigen Widerstand. Der nächste Lautsprecher soll 5 Watt verarbeiten. Hierzu ergeben sich 18000:5 = 3600 Ω. Als listenmäßig mögen z. B. 3500 Ω gelten. Einen höheren Widerstand können wir hier leider nicht wählen, da der nächste listenmäßige Wert 7000 Ω betrage. Nun kommen wir zu den Lautsprechern für 2 Watt. 18000:2 = 9000 Ω. Listenmäßig seien 8000 Ω. Der Lautsprecher für 1 Watt sollte 18000:1 = 18000 Ω haben. Wir wählen an Hand der Liste 12000 Ω. Da der letzte Lautsprecher lediglich zum Abhören dienen soll, würde er mit seinen nur 12000 Ω statt 18000 Ω zuviel Leistung bekommen. Das läßt sich durch Vorschalten eines Widerstandes mit 18000—12000 = 6000 Ω wettmachen.

Nachstehend ist dieser Rechnungsgang noch einmal übersichtlich zusammengefaßt:

1. Wir legen die von den einzelnen Lautsprechern zu verarbeitenden Leistungen fest.
2. Wir zählen diese Leistungen zusammen.
3. Wir wählen den Verstärker aus, der wenigstens für die Gesamtleistung bemessen sein muß.
4. Wir wählen einen zum Verstärkerausgang gehörigen Anpassungswiderstand aus.
5. Wir vervielfachen den Wert des Anpassungswiderstandes mit der benötigten Leistung (nicht mit der Verstärkernennleistung). Das Ergebnis heißt Anpassungsgrundwert.
6. Wir teilen einzeln den Anpassungsgrundwert jeweils durch die verschiedenen Lautsprecherleistungen. Die Ergebnisse stellen unmittelbar die benötigten Lautsprecher-Anpassungswiderstände dar.

11. Kopfhöreranschluß an Übertragungsanlagen.

Kopfhörerwiedergabe wird beispielsweise häufig in Krankenhäusern entweder zusätzlich zur Lautsprecherwiedergabe oder auch allein verlangt. Bei der Planung und Ausführung solcher Anlagen ist zu berücksichtigen, daß der Wechselstromwiderstand üblicher Kopfhörer ungefähr 4 Kiloohm beträgt und daß diese Kopfhörer etwa 5 bis 15 Milliwatt beanspruchen. Weil

$$\text{Leistung} = \text{Spannung}^2 : \text{Widerstand ist, so gilt:}$$
$$\text{Spannung} = \sqrt{\text{Leistung} \times \text{Widerstand}},$$

woraus sich die Spannung in Volt errechnet, wenn man die Leistung in Milliwatt und gleichzeitig den Widerstand in Kiloohm einsetzt:

$$\text{Spannung} = \sqrt{(5 \text{ bis } 15) \cdot 4} = \sqrt{20 \text{ bis } 60} = \text{rund } 4,5 \text{ bis } 8 \text{ V.}$$

Um den richtigen Anschluß der Kopfhörer an den Verstärker zu finden, muß man die am Verstärkerausgang vorhandenen Wechselspannungen berechnen. Hierzu bedient man sich ebenfalls der oben erwähnten Rechenvorschrift.

$$\text{Spannung in V} = \sqrt{\text{Leistung in W} \times \text{Widerstand in } \Omega}.$$

Beispiel: Für einen Verstärker mit einer Leistung von 20 W errechnet sich an den Anschlüssen, für die 500 Ω angegeben sind, eine Spannung von 100 V.

Vielfach ist der für den unmittelbaren Anschluß der Schwingspule vorgesehene Verstärkerausgang ohne weiteres zur Speisung der gesamten nebeneinander zu schaltenden Kopfhörer geeignet. Liefert der Verstärker von sich aus keine hinreichend niedrige Spannung, so

müssen wir zwischen den Verstärkerausgang und die Kopfhörer einen
Übertrager mit passendem Übersetzungsverhältnis schalten, der die
Spannung entsprechend herabsetzt.

Da die Kopfhörer nur sehr wenig Leistung brauchen, kann man sie
— selbst bei großer Zahl — auch aus einem Rundfunkempfänger be-
treiben. Hierfür läßt sich die für den zweiten Lautsprecher vorgesehene
Anschlußmöglichkeit verwerten. Man erkundige sich, ob dieser Anschluß
für einen hohen oder geringen Lautsprecherwiderstand bemessen ist.
Im ersten Fall (Anpassungswiderstand einige Tausend Ohm) muß ein
Übertrager zwischengeschaltet werden, der die Spannung ungefähr im
Verhältnis 10:1 herabsetzt. Im zweiten Fall (Anpassungswiderstand
ganz rund 10 Ω) kann man die Kopfhörer meist unmittelbar aus dem
Anschluß für den zweiten Lautsprecher speisen.

12. Wahrung der Anpassung beim Abschalten einzelner Lautsprecher oder Lautsprechergruppen.

Wie man in Anpassungsschaltungen Ersatzwiderstände verwendet
(Bild K 15 und K 19), so benutzt man solche Widerstände auch zum
Ersatz abgeschalteter Lautsprecher. Die Bilder K 20 mit K 22 zeigen

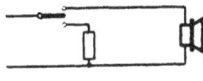

Bild K 20.

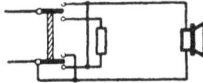

Bild K 21.

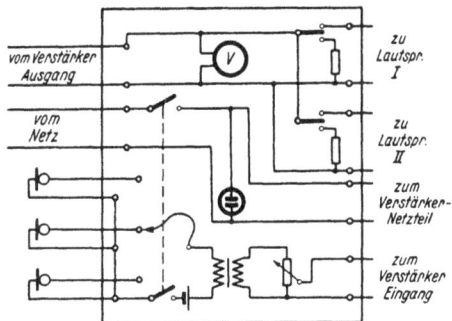

Bild K 22.

hierfür Beispiele. Die doppelpolige Schaltung (Bild 21) ermöglicht es,
die zum abgeschalteten Lautsprecher gehörenden Leitungen kurz zu
schließen, wodurch ein unerwünschtes Mitsprechen des abgeschalteten
Lautsprechers vermieden wird.

Zusammenfassung:

1. Lautsprecher müssen an die sie betreibenden Endstufen angepaßt
   werden.
2. Unter »Anpassung« versteht man das Angleichen des Lautsprecher-
   gesamtwiderstandes an den Wert, der für den gewählten Verstärkerausgang vom Hersteller des Verstärkers als günstig angegeben ist.

3. Das Angleichen des Lautsprecherwiderstandes an den vorgeschriebenen Wert geschieht mit Hilfe des Verstärker-Ausgangsübertragers oder mit Hilfe des Lautsprecherübertragers.
4. Bei einer Übersetzung von beispielsweise 2:1 wird der Lautsprecherwiderstand für die Endstufe auf den (2 × 2 =) vierfachen Wert gewandelt.
5. Mehrere Lautsprecher verwendet man meist in Nebeneinanderschaltung.
6. Bei Nebeneinanderschaltung ungleicher Lautsprecher erhält der Lautsprecher mit dem höchsten Widerstand die geringste Leistung.

L. Lautstärkeregelung.

1. Einfachste Fälle.

Die Lautstärkeregelung macht keine besonderen Schwierigkeiten, wenn es sich um Anlagen mit nur einer Aufnahmeeinrichtung, nur einem Verstärker und mit nur einem Lautsprecher oder mit nur einer Gruppe gemeinsam zu regelnder Lautsprecher handelt. In diesem Fall nämlich genügt der im Verstärker enthaltene Regler.

Auch wenn mehrere Aufnahmeeinrichtungen wechselweise benutzt werden sollen, genügt für die betriebsmäßige Lautstärkeregelung bei Anlagen mit nur einem Verstärker und mit einem Lautsprecher oder mit einer Gruppe gemeinsam zu regelnder Lautsprecher der im Verstärker vorhandene Regler.

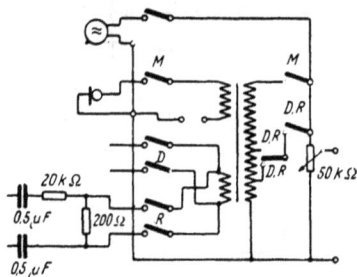

Bild L 1.*)

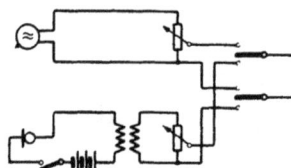

Bild L 2.

Sind mehrere Verstärker gemeinsam zu regeln, so wird man die an den einzelnen Verstärkern vorhandenen Regler höchstens zum einmaligen gegenseitigen Abgleichen der notwendigen Eingangsspannungen benutzen. Im übrigen ordnet man vor dem Vorverstärker oder Steuerverstärker einen Hauptregler an, der betriebsmäßig bedient wird (Bild L 1).

In besonderen Fällen kann man — an Stelle des einen Reglers — den wechselweise zu verwendenden Aufnahmeeinrichtungen eigene Regler zuordnen (Bild L 2). Jeder dieser Regler arbeitet wie der Haupt-

*) Schalteinrichtung für die Auswahl verschiedener Aufnahme-Einrichtungen mit einem für alle Aufnahme-Einrichtungen gemeinsamen Hauptregler.

regler in Bild L 1. Der einzige Unterschied, der betriebsmäßig zwischen den Schaltungen der Bilder L 1 und L 2 darin besteht, daß der benutzte Regler einmal vor und einmal hinter dem Umschalter angeordnet ist, spielt für die Wirkungsweise keine Rolle.

Die vorstehend erwähnten Regler sind durchweg einfache logarithmische Spannungsteiler mit 0,1 Megohm Gesamtwiderstand. Die zugehörigen Schaltungen zeichnen sich durch große Einfachheit aus und bieten bezüglich der Erdung keine Schwierigkeiten.

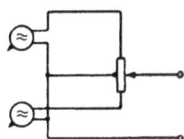 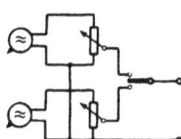 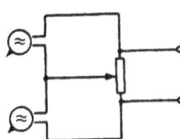

Bild L 3.*)   Bild L 4.   Bild L 5.**)

Zu den einfachen Schaltungen ist auch die in Bild L 3 dargestellte Schaltung zu rechnen, die den Übergang von einem Tonabnehmer auf einen zweiten Tonabnehmer ermöglicht. Der zugehörige Regelwiderstand wirkt nämlich als Zusammenfassung zweier einzelner einseitig miteinander verbundener Regler, wobei der Schleifkontakt die Rolle des Umschalters mit übernimmt (vgl. Bild L 4).

Die in Bild L 5 gezeigte Überblendungsschaltung sieht ebenso einfach aus. Sie macht aber doch schon Schwierigkeiten, da bei ihr keine Möglichkeit einer wirksamen Erdung besteht. Erden wir z. B. die untere der beiden zum Verstärker führenden Leitungen, so bleibt der obere Tonabnehmer samt seiner Leitung ungeerdet. Die Schaltung kann demnach in der hier gezeigten Ausführung nicht benutzt werden. In der Anordnung nach Bild L 3 hingegen sind durch Erdung des unteren Anschlusses beide Tonabnehmer geerdet.

2. Umgehung der Erdungsschwierigkeiten.

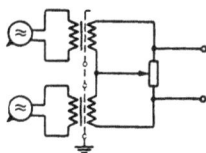 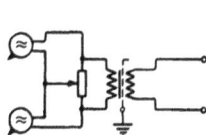 Eine Schaltung nach Bild L 5 läßt sich durch zwischengeschaltete Übertrager verbessern. Wie das geschehen kann, zeigen die Bilder L 6 und L 7. In beiden Fällen wird es mit Übertragern mög-

Bild L 6.   Bild L 7.

lich, die Tonabnehmer und eine der Verstärkerleitungen getrennt zu erden. Die zwischen den Übertragerwicklungen angeordnete Abschirmung verhindert kapazitive Übertragungen.

*) Überblendungsschaltung.
**) Hier ist eine brauchbare Erdung nicht möglich.

3. Rücksicht auf die Innenwiderstände.

Bei allen bis hierher beschriebenen Regelschaltungen handelt es sich darum, daß eine Einrichtung mit einem verhältnismäßig geringen Innenwiderstand eine Spannung an einen hohen Außenwiderstand abzugeben hat. Im einzelnen gilt dabei:

1. Der Eingangswiderstand des Verstärkers liegt wesentlich höher als der Innenwiderstand der aus der Aufnahmeeinrichtung und dem Spannungsteiler bestehenden Schaltung.
2. Der Eingangswiderstand des durch den Verstärkereingang belasteten Reglers übersteigt den Innenwiderstand der Aufnahmeeinrichtung.

Unter solchen Voraussetzungen braucht man sich um die einzelnen Widerstandswerte nicht zu kümmern. Wenn aber der Belastungswiderstand nicht groß gegenüber dem Innenwiderstand der ihn speisenden Anordnung gemacht werden kann oder wenn im Belastungswiderstand eine nennenswerte Leistung umgesetzt werden muß, sind die Widerstandswerte bei dem Entwurf und bei der Bemessung der Regeleinrichtung genau zu beachten.

Außerordentlich erschwert wird dies, wenn der Belastungswiderstand frequenzabhängig ist — wie z. B. der Lautsprecher-Eingangswiderstand. Da man im allgemeinen auf frequenzunabhängige Regelwiderstände angewiesen ist und nur in seltenen Fällen recht einfach frequenzabhängige Regelwiderstände (Drosseln oder Kondensatoren) verwenden kann, lassen sich die Regelglieder nicht auf den Frequenzgang des Lautsprecherwiderstandes abstimmen. Die Eigenheiten des Gehörs sind noch weniger leicht zu berücksichtigen. Aus alledem folgt:

Bei hohen Anforderungen an die Klanggüte empfiehlt es sich, jegliche Lautstärkeregelung am Verstärkerausgang — also zwischen Verstärker und Lautsprecher — zu vermeiden und die Regelung nur vor oder in dem Verstärker vorzunehmen. Die Aufteilung der Verstärker oder der Endstufen auf die einzelnen Gruppen gemeinsam zu regelnder Lautsprecher und auf die einzeln zu regelnden Lautsprecher selbst bietet diese Möglichkeit.

Die folgenden Ausführungen über Regler, die gegenseitig unabhängige Regelungen mehrerer gemeinsam gespeister Lautsprecher ermöglichen sollen, gelten somit nur unter beträchtlichen Einschränkungen: Sie treffen lediglich zu für den Durchschnittswert des Lautsprecherwiderstandes und damit für die zu diesem Widerstandswert gehörigen Frequenzen, nicht aber für den gesamten Tonfrequenzbereich.

4. Gegenseitig unabhängige Regelung gemeinsam gespeister Lautsprecher.

In Abschnitt K wurde die richtige Anpassung als eine der wichtigsten Voraussetzungen für den ordnungsgemäßen Betrieb der Lautsprecheranlagen behandelt. Es ist selbstverständlich, daß weder die Gesamtanpassung noch die Anpassung der nicht geregelten Lautsprecher durch die Regelung eines oder mehrerer Lautsprecher verdorben werden darf.

Bei Betrieb mehrerer unabhängig voneinander zu regelnder Lautsprecher aus einem dafür gemeinsamen Verstärker gilt somit: Der Eingangswiderstand des durch einen Lautsprecher belasteten Reglers muß — unabhängig von der Stellung dieses Reglers — stets gleich dem durchschnittlichen Wechselstromwiderstand des Lautsprechers sein. Das läßt sich durch »L-Regler« erreichen, die aus zwei gemeinsam geregelten Widerständen bestehen (Bild L 8 und L 9).

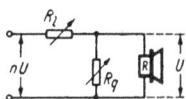 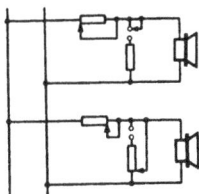 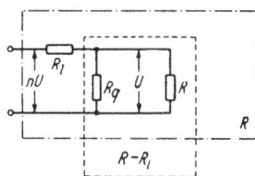

Bild L 8.   Bild L 9.   Bild L 10.

Um uns über die Widerstandswerte eines solchen Reglers mit Hilfe einer einfachen Rechnung Klarheit zu verschaffen, bezeichnen wir die Widerstände (s. Bild L 8) mit R_l und R_q, das Verhältnis der Eingangsspannung zur Ausgangsspannung mit n (Schwächung der Spannung auf $1/n$) sowie den durchschnittlichen Lautsprecherwiderstand, den wir als Wirkwiderstand annehmen, mit R. Der diesem gleiche Gesamtwiderstand kann folglich ebenfalls durch R ausgedrückt werden (Bild L 10).

Da sich die Spannungen wie die Widerstände verhalten und der Widerstand der Nebeneinanderschaltung gleich $R - R_l$ gesetzt werden kann (er ist um den Widerstand R_l kleiner als der Gesamtwiderstand), gilt für das Spannungsverhältnis:

$$\frac{nU}{U} = \frac{R}{R - R_l}.$$

Daraus folgt:

$$nR - nR_l = R \quad \text{oder}$$

$$\boxed{R_l = R\,\frac{n-1}{n}}.$$

Da sich die in gleichen Widerständen fließenden Ströme wie die zugehörigen Spannungen verhalten, hat, wenn der Gesamtstrom gleich dem $n$fachen Belastungsstrom ist, der durch R_q fließende Strom den $(n-1)$fachen Wert wie der durch die gesamte Anordnung (mit dem Widerstand R) fließende Belastungsstrom. R_q und R liegen an derselben Spannung. Deshalb erhalten wir mit den dem

Bild L 11 entsprechenden Strombezeichnungen durch Gleichsetzen der beiden Spannungswerte folgende Beziehung:

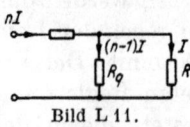
Bild L 11.

$$(n-1)\,I R_q = I R \quad \text{oder}$$

$$\boxed{R_q = R\,\frac{n}{n-1}\,.}$$

Beispiel: Ein L-Regler soll für stufenweise logarithmische Lautstärkeregelung berechnet werden. Jeder Stufe sollen 3 Dezibel Schwächung entsprechen. Im ganzen wird eine Schwächung der Spannung im Verhältnis von ungefähr 1:60 verlangt. Der maßgebende Lautsprecherwiderstand beträgt 5000 Ω. 3 Dezibel bedeuten eine Leistungsschwächung im Verhältnis von 1:2. Da sich die in einem gegebenen Widerstand umgesetzten Leistungen wie die Quadrate der zugehörigen Spannungen verhalten, ergibt sich zu einem Leistungsverhältnis von 1:2 ein Spannungsverhältnis von $1:\sqrt{2}=$ rund 1:1,4.

Für höchste Lautstärke wird $R_l = 0$ und $R_q = \infty$.

Für die nächste Stufe erhalten wir mit $n = 1,4$

$$R_l = 5000\,\frac{0,4}{1,4} = \text{rund } 1400\ \Omega \quad \text{und}$$

$$R_q = 5000\,\frac{1}{0,4} = 12\,500\ \Omega.$$

Für die darauf folgende Stufe ergibt sich mit $n = 1,4^2 = 2$

$$R_l = 5000 \cdot \frac{1}{2} = 2500\ \Omega \quad \text{und}$$

$$R_q = 5000 \cdot \frac{1}{1} = 5000\ \Omega.$$

Die weiteren Rechenergebnisse sind zusammen mit den schon gewonnenen Ergebnissen in folgender Zahlentafel zusammengestellt:

Stufe	Schwächung der Spannung auf	R_l Ω	R_q Ω
0	1 : 1	0	∞
1	1 : 1,4	1400	12500
2	1 : 2	2500	5000
3	1 : 2,8	3200	2800
4	1 : 4	3750	1670
5	1 : 5,7	4100	1060
6	1 : 8	4400	710
7	1 : 11,3	4600	485
8	1 : 16	4700	335
9	1 : 22,6	4800	230
10	1 : 32	4850	160
11	1 : 45	4900	113
12	1 : 64	4950	80

Die zugehörige Schaltung zeigt Bild L 12.

Da der eigentliche L-Regler teuer ist, ersetzt man ihn vielfach durch einen billigeren Regler, der aus einem Spannungsteiler und einem Festwiderstand besteht (Bild L 13). Der Eingangswiderstand eines solchen mit einem Lautsprecher belasteten Reglers ist von der Reglerstellung nur wenig abhängig: Der Mindestwert ergibt sich für die Lautstärke Null, wobei der Gesamtwiderstand der Nebeneinanderschaltung wirksam ist, die aus dem Spannungsteilerwiderstand und dem Festwiderstand besteht. Der Höchstwert wird erreicht, wenn die Widerstandswerte der Spannungsteilerabschnitte zu beiden Seiten des Ab-

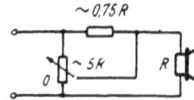

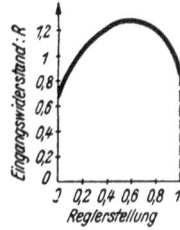

Bild L 13.

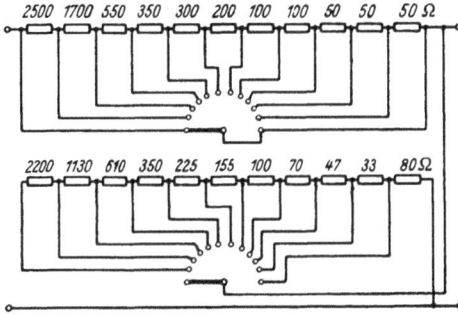

Bild L 12.

Bild L 14.

griffes sich zueinander ebenso verhalten wie der Festwiderstand zum Lautsprecherwiderstand. In diesem Fall fließt über den Abgriff kein Strom, weshalb die Nebeneinanderschaltung wirksam wird, die aus dem Spannungsteilerwiderstand und der Hintereinanderschaltung des Festwiderstandes mit dem Lautsprecher besteht. Als Widerstandswert des regelbaren Spannungsteilers wählt man wenigstens das fünffache des durchschnittlichen Lautsprecherwiderstandes, so daß der Leistungsverlust bei voller Lautstärke nur etwa $1/5$ der Lautsprecherleistung beträgt. (Hat der durchschnittliche Lautsprecherwiderstand — genauer gesagt: der Eingangswiderstand des Lautsprecherübertragers — z. B. 2000 Ω, so sollte der Wert des Spannungsteilerwiderstandes etwa 10000 Ω betragen.) Bei näherer Überlegung erkennen wir, daß der Wert des Festwiderstandes mit etwa $3/4$ des Lautsprecherwiderstandes zu bemessen ist (also hier mit 1500 Ω, da der angenommene Eingangswiderstand des Lautsprecherübertragers 2000 Ω beträgt). Dcmgemäß ergibt sich — abhängig von der Reglerstellung — der in Bild L 14 dargestellte Verlauf des Eingangswiderstandes.

5. Der L-Regler und sein Ersatz doch nicht vollkommen.

Wohl halten diese Regler den Eingangswiderstand auf einem völlig oder einigermaßen von der Reglerstellung unabhängigen Wert;

der für den Lautsprecher wirksame Innenwiderstand der vorangehenden
Stufe nimmt jedoch — beim Herunterregeln der Lautstärke — bis auf
den Wert Null ab. Daraus folgt:

Der L-Regler hält die für den Verstärker geltende Gesamtanpassung
gleich. Er beeinflußt jedoch beim Regeln die Anpassung des geregelten
Lautsprechers an die ihn betreibende Schaltung. Man sollte zunächst
meinen, das sei recht ungünstig. Im allgemeinen aber schadet diese
Anpassungsveränderung aus folgenden Gründen wenig:

1. Regeln wir die Lautstärke eines Lautsprechers herunter, so soll
   dabei die ihn betreibende Leistung vermindert werden. Ver-
   schlechtert die Anpassungsänderung die Leistungsübertragung, so
   wird folglich die Regelung dadurch unterstützt, weshalb dieser
   Einfluß der Anpassungsänderung unschädlich bleibt.

2. Beim Herunterregeln vermindert sich der für den Lautsprecher
   maßgebende Innenwiderstand der vorangehenden Schaltung. Das
   gibt Überanpassung (Lautsprecherwiderstand größer als der zum
   Innenwiderstand passende Wert). Überanpassung bedeutet für die
   in Übertragungsanlagen üblichen Lautsprecher meist ein Hervor-
   heben der tiefen Töne (s. a. S. 107). Bei geringer Lautstärke aber
   treten die tiefen Töne für unser Hörempfinden besonders zurück.
   Das durch die Überanpassung verursachte Herausheben der tiefen
   Töne wirkt dem in erwünschter Weise entgegen. Für äußerst geringe
   Lautstärken, die aber praktisch kaum in Frage kommen, wäre der
   Einfluß der Anpassungsänderung allerdings störend.

Während also der L-Regler und sein Ersatz für die Regelung einzelner Lautsprecher oder Lautsprechergruppen vollauf genügen, gibt es
doch Fälle, in denen die Anpassung nach beiden Seiten hin gewahrt
werden muß. Hierfür werden die nachstehend beschriebenen Regler
benutzt.

6. Der T-Regler.

Der T-Regler ist ein durch einen weiteren Längswiderstand er-
gänzter L-Regler (Bild L 15). Der zusätzliche Längswiderstand macht
es möglich, die Anpassung außer für die Stromquelle auch für die ge-
regelte Belastung zu wahren.

Wir wollen dem T-Regler — ebenso wie auf S. 115 dem L-Regler —
rechnerisch näherkommen. Hierzu
verwenden wir die in Bild L 16 eingetragenen Bezeichnungen. Da die an

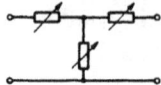

Bild L 15.

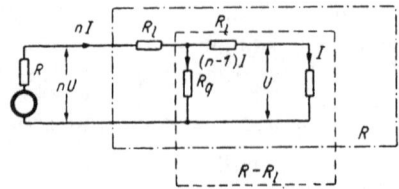

Bild L 16.

der Nebeneinanderschaltung liegende Spannung auch für deren rechten Zweig gilt, erhalten wir folgende Gleichung:

$$n I \cdot (R - R_l) = I \cdot (R + R_l) \quad \text{oder}$$
$$n R - n R_l = R + R_l \quad \text{oder}$$
$$n R_l + R_l = n R - R \quad \text{oder}$$

$$\boxed{R_l = R \, \frac{n-1}{n+1}}.$$

Da außerdem die Spannung an R_q ebenso groß ist wie die Spannung an dem nebengeschalteten rechten Zweig, ergibt sich weiter nachstehende Beziehung:

$$(n-1) \cdot I R_q = I \cdot (R + R_l) \quad \text{oder}$$
$$R_q = \frac{R + R_l}{n-1}$$

oder mit dem Wert für R_l:

$$\boxed{R_q = R \, \frac{2n}{n^2-1}}.$$

Die Ausdrücke für R_l und R_q werden ebenso verwendet wie beim L-Regler. Daher erübrigt sich das Durchrechnen eines Zahlenbeispieles. Bild L 17 zeigt jedoch einen T-Regler mit eingetragenen Werten. Seine Schaltung ist derart aufgebaut, daß die drei Kontaktarme keine Spannung gegeneinander haben und demzufolge nicht voneinander isoliert zu werden brauchen.

7. Vereinfachte T-Regler.

Der eigentliche T-Regler hat drei Kontaktbahnen. Jede Kontaktbahn kostet Geld und kann zu Störungen Anlaß geben. Daher sucht man mit möglichst wenigen Kontaktbahnen auszukommen. Eine Möglichkeit hierfür, die durch Bild L 18 veranschaulicht ist, besteht darin,

Bild L 17.

Bild L 18.

die beiden regelbaren Längswiderstände durch die Nebeneinanderschaltung aus einem regelbaren Widerstand und der Reihenschaltung zweier Festwiderstände zu ersetzen. Der Widerstandswert der Nebeneinanderschaltung muß hierbei gleich dem doppelten Wert des Belastungswiderstandes sein.

Läßt man zu, daß die höchste mit dem Regler einstellbare Ausgangsspannung beträchtlich unter der Eingangsspannung bleibt, so kann man den T-Regler sogar mit nur einer einzigen Kontaktbahn ausführen. Bild L 19 zeigt, wie aus dem Regler von Bild L 17 ein solcher mit nur einer Kontaktbahn zu entwickeln wäre. Der in Bild L 19 gezeigte Regler bewirkt allerdings schon in seiner Grundstellung (höchste Lautstärke) eine Spannungsverminderung im Verhältnis 3,2:1, was 10 Dezibel gleichkommt, da durch Dezibel Leistungsverhältnisse ausgedrückt werden.

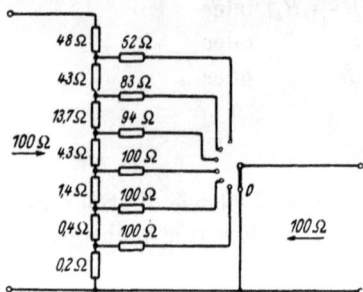

Bild L 19.

Bei Unterteilung in eine größere Stufenzahl fällt diese Anfangsschwächung allerdings geringer aus.

8. T-Regler vor Lautsprechern.

Wie auf S. 118 erwähnt, sind vor Lautsprechern L-Glieder oder auch vereinfachte L-Regler durchaus geeignet. Nach Bild L 19 vereinfachte T-Regler verbieten sich hier wegen ihres hohen Leistungsverbrauches. Gewöhnliche (gleichseitige) T-Regler aber sind vor Lautsprechern auch nicht ganz einwandfrei, da sie nach beiden Seiten gleiche Widerstände aufweisen: Arbeitet der Verstärker mit einer Fünfpol-Gegentakt-Endstufe, so muß der Außenwiderstand etwa $1/10$ bis $1/5$ des Innenwiderstandes betragen, was mittels der Anpassungsübertrager erreicht wird. Schalten wir einen gleichseitigen T-Regler in die Verbindungsleitung, so bleibt dieses Widerstandsverhältnis wohl für Stellung auf höchste Lautstärke gewahrt; beim Herunterregeln aber nähert sich das Widerstandsverhältnis mehr und mehr dem Wert 1: Halten wir den Eingangswiderstand des mit dem Lautsprecher belasteten Reglers auf dem, dem Lautsprecherwiderstand gleichen Wert, so sinkt der über den Regler wirksame Innenwiderstand von dem ursprünglichen, vielleicht zehnfachen Wert des Lautsprecherwiderstandes auf den Wert des Lautsprecherwiderstandes. Diese Widerstandsänderung entspricht ungefähr derjenigen, die betriebsmäßig beim L-Regler auftritt. T-Regler für eine solche Verwendung müßten somit — den jeweiligen Bedingungen gemäß — ungleichseitig ausgeführt werden.

9. T-Regler vor und zwischen Verstärkern.

Hier besteht, mit Übertragern benutzt, die Möglichkeit, die Widerstände zu beiden Seiten des Reglers (Ausgangswiderstand der Aufnahmeeinrichtung und Eingangswiderstand des Verstärkers) für den Regler auf gleiche Werte zu bringen. Das wird für Mikrophone allgemein und in Mischeinrichtungen, wozu die T-Regler ganz besonders wichtig sind, auch für die anderen Aufnahmeeinrichtungen ausgenutzt.

In den Bildern L 20, L 21 und L 22 werden drei Mischschaltungsbeispiele gegeben. Besondere Beachtung verdienen die Widerstandswerte und die Übersetzungsverhältnisse der eingeschalteten Übertrager. Da gelegentlich Mischschaltungen veröffentlicht werden, in denen teilweise auf Übertrager verzichtet ist, sei darauf hingewiesen, daß diese nicht nur der Anpassung wegen, sondern auch mit Rücksicht auf das sonst mögliche Netzbrummen notwendig sind.

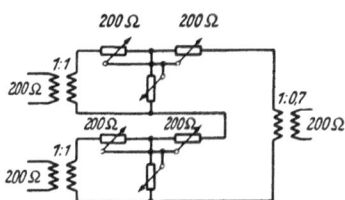

Bild L 20.

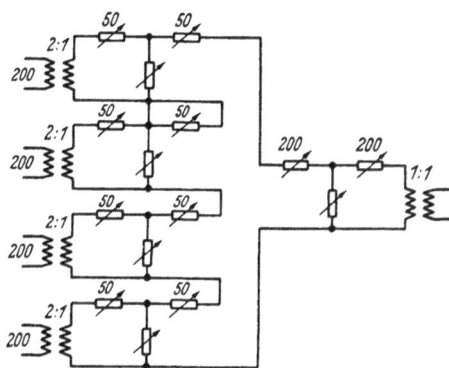

Bild L 22.

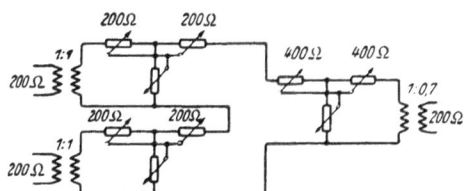

Bild L 21.

Bild L 20 zeigt eine Mischschaltung für zwei Aufnahmeeinrichtungen bei getrennter Regelung. Die Schaltung ist nach beiden Seiten auf 200 Ω angepaßt. Da am Eingang des Ausgangsübertragers 400 Ω vorhanden sind, muß der Ausgangsübertrager die Spannung auf $\sqrt{1:0,5}$ $= 1:0,7 = 1,41:1$ heruntersetzen.

In Bild L 21 ist die Mischschaltung von Bild L 20 durch einen Summenregler vervollständigt, der nach beiden Seiten hin 400 Ω aufweisen muß. Die Werte der Querwiderstände sind in beiden Schaltbildern (Bild L 20 und L 21) nicht angegeben, da sie sich nach der Höhe der ersten Regelstufe richten.

In Bild L 22 wird die Schaltung eines Mischpultes für vier Aufnahmeeinrichtungen mit einem Summenregler gezeigt. Hier sind die Eingangswiderstände auf 50 Ω heruntergewandelt, weshalb der Summenregler nur für 200 Ω bemessen zu sein braucht.

Beispiel: Nachstehend ist der in Bild L 22 gegebene Fall durchgerechnet. Sämtliche Aufnahmeeinrichtungen sollen einen Ausgangswiderstand von 200 Ω aufweisen. Der Eingang des Verstärkers sei ebenfalls für 200 Ω bemessen. Die Widerstände der Regler richten sich nach den Übersetzungsverhältnissen der Übertrager: Wir wählen das Übersetzungsverhältnis des vor dem Verstärker liegenden Übertragers mit 1:1. Damit wird der Ausgangswiderstand der gesamten Mischschaltung mit ebenfalls 200 Ω festgelegt, wofür die beiden Längswiderstände je 200 Ω aufweisen müssen, wenn der Querwiderstand für volle Lautstärke den Wert Unendlich bekommen kann (Unterbrechung des Querstromzweiges). Gemäß dem Wert von 200 Ω des einzelnen Längswiderstandes muß der Gesamtwert der in Reihenschaltung wirksamen Längswiderstände der Eingangsregler ebenfalls 200 Ω betragen, was für den einzelnen Längswiderstand 200:4 = 50 Ω bedeutet. Zu 50 Ω Längswiderstand gehört bei 200 Ω Ausgangswiderstand der Aufnahmeeinrichtung ein Übersetzungsverhältnis von $\sqrt{200:50} = \sqrt{4:1} = 2:1$. Voraussetzung für einen Wert von 50 Ω des Längswiderstandes ist, daß der Querwiderstand bei höchster Lautstärke den Wert Unendlich hat.

Die Unterbrechung der Querstromzweige ist hier meist nicht notwendig. Gewöhnlich wird man Regler nach Bild L 19 verwenden. Die Querwiderstände dürfen hoch gewählt werden, was bei großer Stufenzahl möglich ist. Die Übertragerwiderstände können unberücksichtigt bleiben.

10. Die Fernschaltung des Verstärkers.

Hierfür bestehen zwei Möglichkeiten: Entweder sieht man Fernschalter vor oder man verlegt die Netzzuleitung derart, daß an jeder Schaltstelle, die meist einem Regler zugeordnet werden sollte, ein Netzschalter eingebaut werden kann. Die letztgenannte Möglichkeit ist die einfachere sowie für kleinere und mittlere Anlagen meist auch die günstigere. Die zugehörige Schaltung wird durch Bild L 23 veranschaulicht. Wir erkennen, daß die eine der beiden Netzleitungen in alle mit Lautsprechern und Reglern versehenen Räume führt. An jeder Schaltstelle befindet sich ein Schalter, durch den beide Leitungen miteinander verbunden werden können. Hierdurch wird erreicht, daß der Verstärker beim Schließen wenigstens eines Schalters eingeschaltet ist.

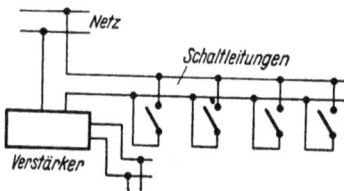

Bild L 23.*)

Man kann den Schalter mit dem Regler in der Weise vereinigen, daß der Schalter in der für leiseste Wiedergabe in Betracht kommenden Reglerstellung betätigt wird. Es ist aber auch möglich, den Schalter als Druck-Zug-Schalter einzubauen. Im ersteren Fall läßt sich eine Signaleinrichtung dadurch ersparen, daß man einen Regelwiderstand

*) Die eine Netzleitung ist über vier parallel liegende Schalter „geschleift", die räumlich voneinander entfernt sind.

wählt, bei dem die Lautstärke bis zum Ausschalten des Netzschalters nicht völlig auf Null zurückgeht. Regelt man die Lautstärke herunter, so zeigt sich das Abschalten durch plötzliches Verstummen des Lautsprechers an. Bei Verwendung eines Druck-Zug-Schalters hingegen ist es zweckmäßig, an jeder Schaltstelle eine Glimmlampe vorzusehen, die zu erkennen gibt, ob die Anlage eingeschaltet ist oder nicht. Eine solche Lampe setzt, wenn sie den **Ein**schaltzustand der Anlage durch Leuchten anzeigen soll, eine weitere Leitung voraus (Bild L 24).

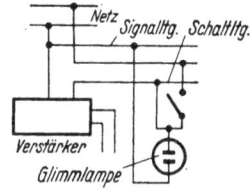

Bild L 24.

In allen Fällen wird man gut daran tun, am Verstärker eine Glimmlampe anzuordnen, die dessen Schaltzustand zu erkennen gibt.

Zusammenfassung:

1. Vor dem Verstärker genügt zur Lautstärkeregelung meist ein logarithmischer Drehspannungsteiler mit 0,05 bis 0,5 MΩ.
2. Regler zwischen Verstärker und Lautsprecher müßten eigentlich auf den Lautsprecherfrequenzgang abgestimmt sein. Da das im Hinblick auf die Kosten nicht durchzuführen ist, hat man bei sehr hohen Anforderungen an die Klanggüte auf die Regelung hinter dem Verstärker zu verzichten.
3. Zur Regelung einzelner Lautsprecher oder Lautsprechergruppen — unabhängig von anderen aus dem gleichen Verstärker gespeisten Lautsprechern — dienen L-Regler oder ähnlich wirkende Regler, die den Eingangswiderstand auf einem vom Regelgrad unabhängigen Wert halten.
4. In Fällen, in denen der Widerstand nach beiden Richtungen vom Regelgrad unabhängig sein soll, müssen T-Regler oder ähnlich wirkende Regler verwendet werden.
5. T-Regler kommen vorwiegend für Mischeinrichtungen in Betracht.

M. Tonblenden und Entzerrer.

1. Vorbemerkung.

In der Praxis wird zwischen diesen beiden Begriffen vielfach kein Unterschied gemacht. Tatsächlich haben auch Tonblenden und Entzerrer die gemeinsame Aufgabe, die Frequenzabhängigkeit der Wiedergabe — d. h. den Frequenzgang — zu beeinflussen.

Fassen wir aber die Begriffe enger, so sind die Tonblenden die Einrichtungen, die es ermöglichen, die Wiedergabe an den Grenzen des Wiedergabefrequenzbereiches sowie auch für enge Zwischenbereiche (meist regelbar) zu schwächen oder zu unterdrücken, während die eigent-

9*

lichen Entzerrer die Wiedergabe über den gesamten Frequenzbereich gleichmäßiger gestalten sollen, wobei im allgemeinen die Wiedergabe an den Grenzen des Frequenzbereiches besonders herausgehoben oder — was dasselbe bewirkt — die Wiedergabe im gesamten übrigen Bereich geschwächt werden muß.

Die Bezeichnung »Entzerrer« führt nicht selten zu Mißverständnissen. Man sollte diese Bezeichnung deshalb ausmerzen. Da sie aber allgemein gebräuchlich geworden ist, müssen auch wir sie einstweilen beibehalten, wollen aber doch auf die Mißverständnisse etwas näher eingehen, die — hervorgerufen durch die Bezeichnung »Entzerrer« — bei der Beurteilung der Angebote zu Übertragungsanlagen schon vielfach ungünstige Wirkungen hatten:

Der Nichtfachmann kennt als eigentliche Verzerrung im allgemeinen nur die Klirrverzerrung, während er die Frequenzabhängigkeit der Wiedergabe lediglich als Veränderung der Klangfarbe empfindet. Abweichungen in der Klangfarbe nicht als Verzerrung zu bezeichnen, ist nicht einmal falsch, weil selbst beim unmittelbaren Anhören irgendwelcher Reden oder Musikstücke Tonverfärbungen zu bemerken sind, die auf Verschiedenheiten der räumlichen Schallverhältnisse beruhen. Der Nichtfachmann bringt die Entzerrer deshalb mit der Klirrverzerrung in Zusammenhang und neigt folglich dazu, Anlagen abzulehnen, zu denen von vornherein Entzerrer angeboten werden.

Die Entzerrer, um die es sich in diesem Abschnitt handelt, haben aber mit Klirrverzerrungen nichts zu tun. Ihr Einsatz braucht nicht in einem fehlerhaften Frequenzgang der Übertragungsanlage begründet zu sein. Es ist durchaus möglich, daß man solche Entzerrer ausschließlich wegen der Schalleigenschaften des Raumes benötigt.

Eine Ausnahme besteht allerdings: Werden grobe Fehler in der Anpassung gemacht, so kann sich daraus entweder eine Bevorzugung der hohen Töne (helle Klangfarbe) oder eine Bevorzugung der tiefen Töne (dunkle Klangfarbe) ergeben (s. S. 106). Diese, möglicherweise von Anpassungsfehlern herrührende Verzerrung darf niemals durch Entzerrer richtiggestellt werden. Die in solchen Fällen durch Entzerrer erzielbare Verbesserung der Klangfarbe müßte durch einen erheblichen Verlust an hinreichend verzerrungsfrei verfügbarer Schalleistung erkauft werden. Bei knapp bemessenen Anlagen würde dieser Verlust wohl meist durch eine übermäßige Aussteuerung des Verstärkers wettgemacht, wobei Übersteuerungen auftreten und dadurch erhebliche Klirrverzerrungen entstehen. Liegt eine starke Frequenzabhängigkeit der Wiedergabe vor, so ist demnach immer zunächst die Anpassung nachzuprüfen und festzustellen, ob sie an der falschen Klangfarbe die Schuld trägt. Überanpassung (d. h. ein zu hoher Lautsprechergesamtwiderstand oder ein Verstärkerausgang für einen zu geringen Wert des Belastungswiderstande) führt vielfach (s. S. 107) zu einer Bevorzugung der tiefen Töne und bewirkt damit eine zu dunkle Klangfarbe Unteranpassung (zu geringer Gesamtwiderstand der Lautsprecher oder ein Verstärkerausgang für einen zu hohen Wert des Belastungswiderstandes) ergibt häufig (s. S. 107) eine Bevorzugung der hohen Töne und damit eine zu helle Klangfarbe.

2. Die Tonblenden.

Haben wir es nur mit einem einzigen Verstärker oder mit gleichbleibenden Verhältnissen zu tun, so können wir die im Verstärker enthaltene Tonblende verwenden. Haben wir aber die Klangfarbe für mehrere Verstärker gemeinsam betriebsmäßig zu regeln, so sind wir genötigt, eine vor den Verstärkern eingefügte Tonblende zu verwenden. Dieser Fall ergibt sich vorwiegend für Schallplattenwiedergabe. Die einzelnen Schallplatten verschiedenen Ursprungs unterscheiden sich

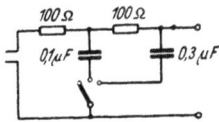

Bild M 1.

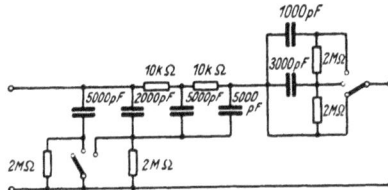

Bild M 2.

nämlich hinsichtlich ihres Frequenzganges: Auf manchen Schallplatten sind die hohen Töne besonders betont, was mitunter ein Vorzug ist. Beim Abspielen solcher Schallplatten über Verstärker mit einem großen Frequenzbereich müssen die hohen Töne vielfach abgedämpft werden. Dazu genügt eine dem Bild M 1 entsprechende Tonblende, die es gestattet, die Wiedergabe der hohen Töne in zwei Stufen abzuschwächen.

3. Tonblenden für beide Enden des Frequenzbereiches.

Besonders solche Tonblenden werden fälschlicherweise vielfach Entzerrer genannt. In Wirklichkeit handelt es sich dabei um Höhen- und Tiefenbegrenzer, d. h. um Tonblenden, die für beide Enden des Frequenzbereiches wirksam sind.

Da beim Begrenzen des Frequenzbereiches ein Teil der sonst voll wiedergegebenen Töne geschwächt oder gar unterdrückt wird, bedeutet das Begrenzen des Frequenzbereiches eine Verminderung der Lautstärke. Das ist der Grund, warum diese Einrichtungen oft nur im Zusammenhang mit einer Verstärkerstufe verwendet werden. Selbstverständlich kann diese Stufe oder allgemein die dem Höhen- und Tiefenbegrenzer vorausgehende Schaltung nicht beliebig gewählt werden. Jede solche Einrichtung hat die ihr zugedachte Wirksamkeit nur, wenn der Innenwiderstand der vorangehenden Schaltung zu ihr paßt.

Bild M 2 zeigt einen Höhen- und Tiefenbegrenzer mit eingetragenen Werten. Diese Schaltung arbeitet mit einer ihr vorausgehenden Widerstandsstufe zusammen, die mit einer üblichen Dreipolverstärkerröhre bestückt ist.

4. Entzerrer.

Wir erinnern uns zunächst daran, daß die Einrichtungen, die im vorliegenden Zusammenhang als Entzerrer gelten, die Frequenzabhängigkeit der Wiedergabe vermindern und zu diesem Zweck meist die Wiedergabe an den Grenzen des Wiedergabefrequenzbereiches anheben sollen.

Solche Entzerrer haben als zusätzliche Einrichtungen in neuzeitlichen Übertragungsanlagen keine Berechtigung. Schon seit mehreren Jahren werden die für Übertragungsanlagen benutzten Verstärker derart gebaut, daß ihre Frequenzabhängigkeit gering ist oder daß ihre Verstärkung — zum Ausgleich der Lautsprecherfrequenzabhängigkeit — sogar an den Grenzen des Wiedergabefrequenzbereiches ansteigt. Hieraus folgt, daß man als zusätzliche, den Frequenzgang beeinflussende Teile höchstens Tonblenden benötigt.

Trotzdem sollen die Entzerrer hier kurz behandelt werden, da viel von ihnen die Rede ist und da sie in den Verstärkern selbst — als deren Bestandteile — zum Erzielen der Frequenzunabhängigkeit der Gesamtanlage (s. S. 5) eine Rolle spielen. An eigentlichen Entzerrern unterscheiden wir drei verschiedene Gruppen:

1. Entzerrer, die keine Resonanzschaltungen enthalten,
2. Entzerrer mit Sperrkreisschaltungen und
3. Entzerrer mit Reihenresonanzschaltungen.

Die Entzerrer, die keine Resonanzschaltungen enthalten, sind für sich genommen (s. aber S. 128) die wenigst wirksamen, dafür

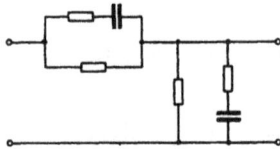

Bild M 3.

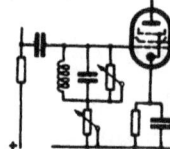

Bild M 4.

aber die zuverlässigsten und unbedenklichsten. Sie werden aus Widerständen und Kondensatoren oder Drosseln zusammengebaut (Bild M 3) und vermindern die Verstärkung für die mittleren Tonlagen.

Die Entzerrer, die mit Sperrkreisen ausgerüstet sind (Bild M 4), arbeiten in ähnlicher Weise wie die Entzerrer, die keine Resonanzschaltungen enthalten. Der Sperrkreis ist einem Anodenwiderstand oder einem Gitterwiderstand nebengeschaltet oder in einen Gegenkopplungszweig eingefügt. Er setzt bei der erwähnten Nebeneinanderschaltung die Verstärkung außerhalb seiner Resonanzlage dadurch erheblich herunter, daß entweder seine Spule (für tiefere Frequenzen) oder sein Kondensator (für höhere Frequenzen) wesentlich geringere Widerstandswerte aufweisen als der Sperrkreis insgesamt für die Resonanzlage. Um die Wirkung des Sperrkreises nicht zu stark werden zu lassen, schaltet man ihm einen Widerstand neben und einen Widerstand vor. Durch den Nebenwiderstand wird die Resonanzschärfe vermindert. Der Vorwiderstand bringt die gesamte Auswirkung des Sperrkreises auf das richtige Maß ohne die Resonanzschärfe wesentlich zu beeinflussen.

Selbstverständlich ist es möglich, für beide Grenzen des Frequenzbereiches je einen Sperrkreis zu verwenden. Da die Sperrkreise außerhalb ihrer Resonanzlage wenig Widerstand aufweisen und da außerdem die Verstärkung nur bei hohem Sperrkreiswiderstand voll zur Geltung kommt, müssen die zwei Sperrkreise in Hintereinanderschaltung verwendet werden (Bild M 5).

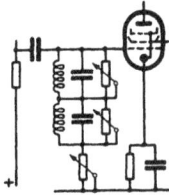

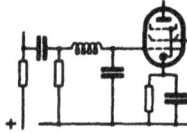

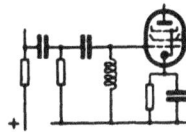

Bild M 5.　　　　Bild M 6. *)　　　　Bild M 7.*)

Alle Entzerrerschaltungen, die auf Resonanz beruhen, können dadurch Verzerrungen bedingen, daß sich in den Resonanzschaltungen Einschwingvorgänge ergeben. Schon aus diesem Grunde darf die Resonanz nicht zu stark ausgenutzt werden.

Bei Entzerrern, die mit Reihenresonanz arbeiten (Bild M 6 und M 7), kommen zu den Einschwingvorgängen mitunter noch Klirrverzerrungen hinzu. Diese Klirrverzerrungen treten im Resonanzfrequenzbereich auf. Ihre Ursache ist folgende: Bei Reihenresonanz ergibt sich für eine mit der Eigenfrequenz übereinstimmende Betriebsfrequenz ein Widerstandsmindestwert. Liegt dieser Wert tief, so erhalten wir damit für die vorangehende Röhre einen zu geringen Außenwiderstand. Wie wir wissen, ist aber der Aussteuerungsbereich einer Röhre stark von dem Wert des Außenwiderstandes abhängig. Ein Außenwiderstand, dessen Wert beträchtlich unter dem günstigsten Wert liegt, gibt einen geringeren Aussteuerungsbereich (Bild M 8). Bleibt die

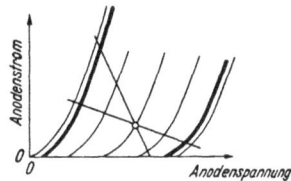

Bild M 8.**)

*) Ungünstige Resonanzschaltungen.

**) Im Resonanzfall der Anordnung nach Bild M 7 ergibt sich für die vorangehende Röhre ein geringer Außenwiderstand. Dem entspricht die steile Arbeitskennlinie, deren aussteuerbarer Bereich einseitig stark begrenzt und damit viel geringer ist als der der sonst geltenden flachen Kennlinie.

steuernde Wechselspannung auf ihrem vollen Wert, so ergeben sich durch eine Verminderung des Aussteuerungsbereiches Klirrverzerrungen. Aus diesem Grunde muß man mit solchen Reihenresonanzschaltungen vorsichtig sein.

5. Entzerrung durch Gegenkopplung.

Gegenkopplungsanordnungen kommen als zusätzliche Teile nicht in Betracht. Dagegen wird die Gegenkopplung innerhalb der Verstärker sehr viel angewandt.

Während frequenzabhängige Widerstände immer nur auf ganz bestimmte Frequenzbereiche wirken, arbeitet die Gegenkopplung der im Verstärker auftretenden Tonverfärbung grundsätzlich entgegen. Sie allein bewirkt jedoch keine restlose Entzerrung dieser Tonverfärbungen und gleicht an sich die außerhalb des Verstärkers auftretenden Verfärbungen nicht aus. Durch Einbau frequenzabhängiger Widerstände in die Gegenkopplungsschaltung kann jedoch mit ihr der Frequenzgang auf einfache Weise sehr wirksam beeinflußt werden, wobei die Möglichkeit besteht, sowohl die im Verstärker wie auch die in der Aufnahmeeinrichtung und im Lautsprecher vorhandenen Frequenzabhängigkeiten auszugleichen. Diese Möglichkeiten der Gegenkopplung werden voll ausgenutzt.

Die Gegenkopplung besteht darin, daß ein Teil der Ausgangswechselspannung des Verstärkers an seinen Eingang zurückgeführt und dort als Gegenspannung der ursprünglichen Steuerwechselspannung — dieser entgegengesetzt — zugefügt wird. Je höher die Verstärkung ist, desto mehr setzt die Gegenspannung die wirksame Steuerspannung herab. Geringe Verstärkung ruft also eine nur kleine Gegenspannung hervor. Die geringe Verstärkung wird demgemäß wenig geschwächt, weil hier die ursprüngliche Steuerspannung in nahezu voller Höhe zur Geltung kommt.

Wenn ein Verstärker von sich aus den mittleren Frequenzbereich stärker als die Grenzen dieses Bereiches hervorhebt, so erreichen wir durch die Gegenkopplung, daß die Verstärkung im mittleren Teil des Wiedergabebereiches mehr geschwächt wird als an dessen Grenzen. Somit vermindert die Gegenkopplung die Verstärkungsunterschiede. Ein völliger Ausgleich ist aber nicht möglich, da man eine ungleichmäßig verstärkte Gegenspannung braucht, um der ungleichmäßigen Verstärkung entgegenzuwirken.

Dieser Mangel der Gegenkopplung läßt sich — wie oben schon angedeutet — dadurch ausgleichen, daß man die Spannungsaufteilung der Endstufen-Anodenwechselspannung mit Kondensatoren oder Drosselspulen oder mit beiden frequenzabhängig macht. So kann man beispielsweise durch eine Verbindung der Gegenkopplung mit frequenzabhängigen Stromzweigen oder gar mit Resonanzschaltungen die Gegenspannung für die Grenzen des Wiedergabebereiches fast völlig unterdrücken und damit die Verstärkung an diesen Grenzen voll wirken lassen.

Zusammenfassung:

1. Die Tonblenden ermöglichen im allgemeinen eine wahlweise und beliebig einstellbare Schwächung der hohen und gelegentlich auch der tiefen Töne.
2. Tonblenden werden benutzt, um den Frequenzbereich und den Frequenzgang der Wiedergabe an die Wiedergabebedingungen anzupassen. (Vor allem: Schwächung der hohen Töne manchmal bei Schallplattenwiedergabe, Schwächung oder Abschneiden der tiefen Töne als Mittel gegen akustische Rückkopplung.)
3. Tonblenden werden fälschlicherweise auch Entzerrer genannt.
4. Zum Ausgleich der in der Übertragungsanlage selbst auftretenden Frequenzabhängigkeiten (d. h. zum Ausgleich der Tonverfärbungen) dienen »Entzerrer«, die als zusätzliche Teile in den heutigen Verstärkeranlagen kaum mehr angewandt werden, aber in den Verstärkern zu finden sind.
5. Um die Tonverfärbungen zu bekämpfen, müssen in der Regel die an der oberen und unteren Grenze des Wiedergabebereiches liegenden Töne herausgehoben werden.
6. Für solche »Entzerrungen« sind zwei Mittel verfügbar, die auch gemeinsam benutzt werden können: Die frequenzabhängigen Widerstände und die Gegenkopplung.
7. Mit frequenzabhängigen Widerständen können wir die Verstärkung für den mittleren Frequenzbereich herabsetzen oder die Verstärkung an den Grenzen des Wiedergabebereiches erhöhen.
8. Die Gegenkopplung wirkt der Tonverfärbung grundsätzlich entgegen. Diese Wirkung kann durch frequenzabhängige Widerstände sehr gesteigert werden.

N. Planung der Anlage.

1. Die wesentlichen Grundlagen.

Vor Beginn der Planung sind zunächst die wesentlichsten Grundlagen zu beschaffen. Dabei handelt es sich vor allem um dreierlei:

1. Anzahl, Ausmaße, Gestaltung und Ausbau der Wiedergaberäume oder der Freianlagen.
2. Aufgaben der Übertragungsanlage hinsichtlich dessen, was übertragen werden soll und welchem Zweck die Übertragung dient.
3. Stromversorgung und Sicherheitsgrad der Anlage.

Am günstigsten ist es, die gegebenen Verhältnisse an Ort und Stelle selbst zu klären. Andernfalls muß man versuchen, die notwendigen

Angaben durch passende Fragen zu erhalten. Die folgenden Abschnitte zeigen, welche Fragen etwa zu stellen wären.

2. Fragen über die Wiedergaberäume und Freianlagen.

Zunächst muß man die Hauptabmessungen der zu besprechenden Räume oder Plätze kennen. Diese Abmessungen werden am besten aus Plänen entnommen. Da diese außer den Abmessungen auch die Gestaltung der Räume erkennen lassen, sind sie unbedingt anzufordern. Notfalls genügen einfache Skizzen mit Maßeintragungen. Für Freianlagen ist auch die Umgebung in den Plan oder die Skizze einzubeziehen. Das gilt besonders für kleinere Freianlagen, die womöglich vom Rednerstandort aus mit Richtstrahlern oder Schallwänden besprochen werden sollen. Außerdem sind hinsichtlich des Ausbaues für jeden Raum einzeln folgende Fragen zu stellen:

Größe der Deckenfläche? Welche Werkstoffe bilden die Deckenfläche?

Größe der Fußbodenfläche? Wie ist der Fußboden belegt? Welcher Teil der Fläche wird von Hörern eingenommen?

Größe der Wandflächen? (Nach Werkstoffen aufgeteilt.)

Größe der Fensterflächen?

Gesamtflächen schwerer, frei aufgehängter Stoffe (vor allem Vorhänge)?

Sonstige Inneneinrichtungen?

Hörerzahlen?

Gegebenenfalls ist anzugeben, ob nur ein Teil des Raumes oder des Freigeländes besprochen werden soll und wie dieser Teil in dem Raum oder in dem Gelände liegt (Maßskizze).

3. Fragen über die Aufgaben der Anlage.

Eine Übertragungsanlage kann die Sprache eines Redners, die einer Schallplatte eingeprägten Töne und die Töne, die über den Rundfunk bzw. über den Drahtfunk zur Verfügung stehen, an die Hörer wiedergeben, wobei die Wiedergabebedingungen sowie der Zweck der Wiedergabe von Fall zu Fall verschieden sein können.

Einerseits hat man somit anzufragen, was zur Übertragung in Frage kommt. Meist wird für kleine Anlagen Rundfunk- oder Drahtfunkübertragung zusammen mit Schallplattenwiedergabe in Betracht kommen, während für große Anlagen wohl stets auch Mikrophonübertragung verlangt wird.

Anderseits ist es wichtig, ob die Anlage in der Hauptsache zur Übertragung von Kommandos, Reden, Tischmusik, Tanzmusik oder von selbständigen Konzerten dienen soll oder ob sie für beliebige Zwecke geeignet sein muß. Dabei sind auch Angaben über das zu erwartende

Raumgeräusch erforderlich. Es genügt, drei Stufen zu unterscheiden
(s. a. S. 89):

Ruhige Räume: Konzert- und Vortragssäle, ruhige Kaffees.

Unruhige Räume: Gaststätten, Versammlungssäle, gut geschützte,
Plätze.

Lärmerfüllte Räume: Laute Gaststätten, Tanzsäle, ganz freie Plätze.

4. Fragen über Stromversorgung, Sicherheitsgrad und Bedienbarkeit.

Für die Stromversorgung ist die Frage wichtig, ob Wechselstromnetzanschluß oder Gleichstromnetzanschluß oder beides möglich ist.
Bei Gleichstromnetzanschluß spielt für kleine Anlagen auch die Höhe der
Spannung eine Rolle.

Außerdem muß festgelegt werden, welcher der auf S. 92 genannten
Sicherheitsgrade verlangt wird oder ob etwa ein Zwischengrad in Betracht kommt.

Weiterhin ist anzufragen, inwieweit die gesamte Bedienung und
Schaltung in einer Zentrale vereinigt werden soll, welcher Raum für
diese vorgesehen wird und welchen Ausbau der Zentrale man wünscht
(z. B. Signallampen, Überblender, Entzerrer, eingebaute Uhr, eingebauter Abhörlautsprecher).

5. Der Gang der eigentlichen Planung.

Aus den Angaben über den Wiedergaberaum und über den Zweck
der Anlage wird zunächst die Lautsprecheranordnung (s. S. 69) entworfen. Hand in Hand damit geht die Entscheidung über die zu verwendenden Strahler. Darauf folgt die Berechnung der notwendigen Verstärkerausgangsleistung (s. S. 89). Das Ergebnis rundet man eher
auf als ab.

Die Verstärkerausgangsleistung wird in geeigneter Weise auf die
geplanten Lautsprecher verteilt, womit sich die Lautsprecherleistungen
ergeben (s. S. 109). An Hand dieser Leistungen ist die Auswahl der
Lautsprecher möglich.

Die Verstärkerausgangsleistung teilen wir außerdem auf einzelne
handelsübliche Werte auf, womit wir Anhaltspunkte für die Verstärkerwahl erhalten. Liegen die Verstärker fest, so planen wir die Verteilung
der Lautsprecher auf die einzelnen Stromkreise und Verstärker.

Aus den Eigenschaften und der Anzahl der gewählten Verstärker
folgt, ob man Vorverstärker oder Steuerverstärker (s. S. 35) vorzusehen hat.

Damit sind alle Unterlagen vorhanden, die man braucht, um den
Schaltplan der Anlage (s. S. 95) und die Einrichtung der Zentrale
(s. S. 79) zu entwerfen. Anschließend wird der Installationsplan gezeichnet, aus dem sich die Leitungslängen entnehmen lassen.

Zusammenfassung:

1. Um eine Übertragungsanlage erfolgreich planen zu können, sollte man die gegebenen Verhältnisse nach Möglichkeit an Ort und Stelle klären.

2. Ist man auf schriftliche Ermittlungen angewiesen, so verlange man genaue Pläne und stelle alle wesentlichen Fragen getrennt.

3. Die wesentlichen Fragen gliedern sich in drei Gruppen. Diese betreffen: a) die Wiedergaberäume, b) die Aufgaben der Anlage, c) die Stromversorgung, die notwendige Sicherheit und die Bedienbarkeit.

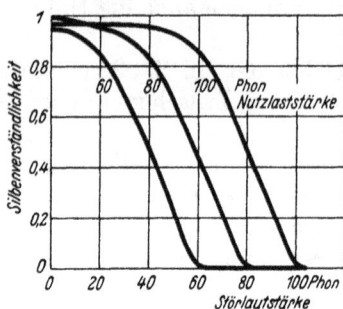

Bild O 1.

O. Störungsbekämpfung.

1. Die Arten der Störungen.

Für Übertragungsanlagen haben wir vor allem drei Arten von Störgeräuschen in Betracht zu ziehen: Das Störgeräusch, das die Zuhörer selbst bewirken, das Störgeräusch, das in der Übertragung begründet ist, und das Störgeräusch, das von außen her in den Wiedergaberaum eindringt.

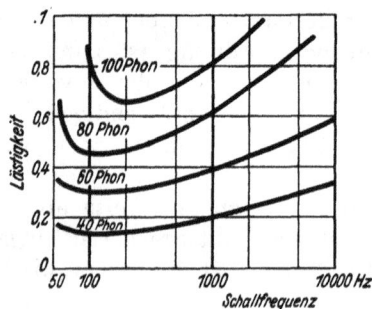

Bild O 2.

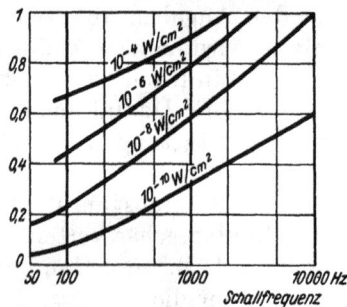

Bild O 3.

Wie die Silbenverständlichkeit mit der Lautstärke der Störungen zusammenhängt, ist in Bild O 1 gezeigt. Die Bilder O 2 und O 3 veranschaulichen die Lästigkeit des Störgeräusches.

2. Das von den Zuhörern herrührende Störgeräusch.

Dieses Geräusch hängt vor allem mit dem Verwendungszweck der Übertragungsanlage zusammen. Bei Anlagen, die zur Übertragung politischer Reden oder wissenschaftlicher Vorträge dienen, kann im allgemeinen mit geringem Raumgeräusch gerechnet werden. Für Über-

tragungsanlagen, die Tanzmusik und reine Unterhaltungsmusik wiederzugeben haben, muß man unter Umständen sehr starke Störgeräusche
in Betracht ziehen. Diese Störgeräusche werden aber von den Zuhörern,
die sie selbst verursachen, ohne weiteres
hingenommen. Beispiele für die Störgeräusche in Büros und Werkstätten gibt
Bild O 4.

Für den Ausbau des Wiedergaberaumes
hat man zu berücksichtigen, daß die Zuhörer
um so stärkere Störgeräusche hervorrufen,
je geringer die Raumdämpfung, je größer
also der Nachhall ist.

Bei der Einrichtung der Übertragungsanlage muß man außerdem auf die Möglichkeit bedacht sein, das Störgeräusch durch
entsprechende Schalleistung zu übertönen.

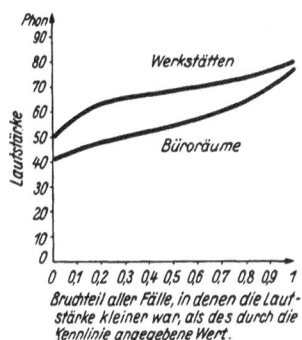

Bild O 4.

In besonderen Fällen kann man daran denken, Einrichtungen vorzusehen, die die durchschnittliche Lautstärke der Wiedergabe dem Störgeräusch anpassen. Solche Einrichtungen sind schon des öfteren vorge-
schlagen worden.

3. Die in der Übertragung selbst begründeten Störgeräusche.

Hierzu rechnen die Rundfunkstörungen, die bei Rundfunküber-
tragung sehr unangenehm werden können, das Nadelgeräusch, das bei
Schallplattenübertragung auftritt, und das Netzbrummen, das aus dem
Verstärker stammt.

Wir beschäftigen uns zunächst mit den Rundfunkstörungen, die
sich in Nahstörungen und Fernstörungen gliedern. Alle Störungen
fallen um so stärker ins Gewicht, je schwächer sich der empfangene
Sender am Empfangsort auswirkt. Daraus folgt, daß man für Übertragungen stets den Sender aufnehmen muß, der den kräftigsten Empfang
ergibt. Hierfür ist es günstig, daß die zu übertragenden Sendungen fast
durchweg von vielen Sendern übernommen werden. Sonstige nennenswerte Möglichkeiten zur Milderung der Fernstörungen sind nicht gegeben.

Gegen die meist viel unangenehmeren Nahstörungen kann man
glücklicherweise mehr unternehmen. Wenn möglich sucht man zunächst
für den Empfänger den Standort aus, an dem sich die Nahstörungen
am schwächsten auswirken. Dann überlege man, wie die Antennenanlage mit Rücksicht auf die Bekämpfung der Nahstörungen auszuführen ist. Kann man den Empfänger an eine Außenwand stellen
und die Antennen derart anordnen, daß die zugehörige Antennen-
leitung frei hängt, so ist deren Abschirmung meist unnötig.

Für Übertragungsanlagen wird man jedoch der geschirmten Antennenableitung in Zweifelsfällen eher den Vorzug geben als für gewöhnliche Rundfunkanlagen. Man beachte, daß das Abschirmen der Antennenableitung einen Sinn nur hat, wenn die Antenne hoch und frei angeordnet wird.

Da die Kapazität, die die geschirmte Leitung zwischen Innenleiter und Abschirmmantel aufweist, die Antenne bei unmittelbarem Anschluß stark belasten und dadurch die Empfangsspannung auf einen geringen Bruchteil herabsetzen würde, sollte man geschirmte Antennenanlagen mit Übertragern ausrüsten (s. a. S. 97).

Ob es besser ist, die Anlage mit einer Erdung oder unter Verwendung des Abschirmmantels als Gegengewicht zu betreiben, muß sich durch Versuche ergeben. Bei Vorhandensein eines Blechdaches kann es günstig sein, die Antenne über diesem Dach, und zwar nicht besonders hoch, möglichst über dessen Mitte anzuordnen sowie das obere Ende des Abschirmmantels mit dem Blechdach zu verbinden.

Als Abhilfe gegen das Nadelgeräusch gibt es Nadelgeräuschfilter, die zwischen den Tonabnehmer und den Verstärker eingeschaltet werden. Günstiger ist es, für Übertragungen nicht zu alte und nicht zu schlecht behandelte Platten zu verwenden. Man sollte die Nadel nach jeder Platte wechseln oder Tonabnehmer mit Saphirnadel verwenden.

Das Netzbrummen wird bekämpft durch sachgemäße Erdung der Anlage (s. S. 97), durch sorgsame Verlegung der Eingangsleitungen und durch passende Einstellung des Entbrummers, der am Verstärker vorhanden ist. Man beachte, daß der Entbrummer nach dem Auswechseln einer Röhre nachgestellt werden muß.

4. Von außen her eindringendes Störgeräusch.

Das Störgeräusch rührt zu einem großen Teil von Schallquellen her, die sich außerhalb des Wiedergaberaumes befinden. Demgemäß müssen wir uns damit beschäftigen, auf welchen Wegen Störgeräusche von außen in den Wiedergaberaum gelangen können. Hierfür kommen vor allem folgende drei Wege in Betracht:

1. Öffnungen in der Umschließung des Wiedergaberaumes (z. B. Löcher und Ritzen).
2. Die Umgrenzungen des Wiedergaberaumes selbst (Wände mit Fenstern und Türen, Decke und Fußboden).
3. Metallische Schalleitungen (z. B. Wasserleitungs- und Zentralheizungsröhren).

Allgemein bezeichnen wir das in Dezibel ausgedrückte Verhältnis des außerhalb des Wiedergaberaumes vorhandenen Geräusches zu dem Teil des Geräusches, das in den Wiedergaberaum eindringt, als »Dämmung« der hierfür in Betracht kommenden Wand. 20 Dezibel bedeuten z. B. ein Verhältnis der Schalleistungsdichte von 100:1. Im übrigen gilt:

Dämmung in Dezibel	Schwächung im Verhältnis
10	10 : 1
20	100 : 1
30	1 000 : 1
40	10 000 : 1
50	100 000 : 1
60	1 000 000 : 1
70	10 000 000 : 1
80	100 000 000 : 1

Bei der Schallübertragung durch Öffnungen ist zwischen der wirksamen und der tatsächlichen Öffnung zu unterscheiden. Besonders für tiefe Frequenzen kann die wirksame Öffnung sehr viel größer sein als die tatsächliche Öffnung. So ist z. B. ein Loch, das sich in einer

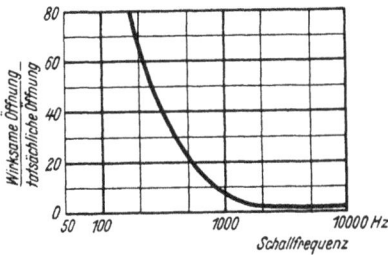

Bild O 5.

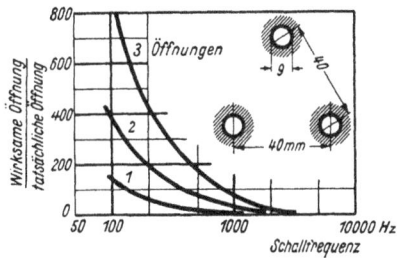

Bild O 6.

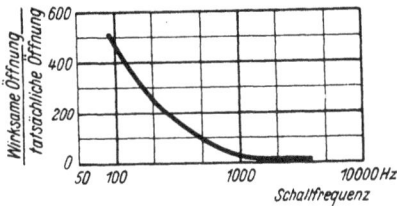

Bild O 7.

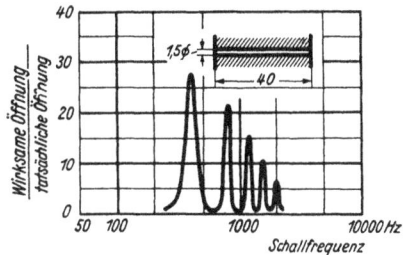

Bild O 8.

dünnen Wand befindet und einen Durchmesser von etwa 10 mm hat, für 200 Hertz mit dem 65fachen Wert der Lochfläche wirksam (Bild O 5). Beträchtlich größer ist die Wirksamkeit mehrerer benachbarter Löcher sowie langer schmaler Spalte (Bild O 6 und O 7). Sogar verhältnismäßig enge Löcher, die quer durch dicke Wände gehen, haben für bestimmte Frequenzen ziemlich große wirksame Öffnungen (Bild O 8).

Bei der Schallübertragung durch Wände ist zwischen der Schallübertragung durch Biegungsschwingungen und dem Schallwellendurchgang zu unterscheiden.

Die Schallübertragung durch Biegungsschwingungen hängt sowohl von der Frequenz wie auch von der Wandmasse je Flächeneinheit ab. Die Übertragung erfolgt für tiefe Frequenzen und für leichte Wände besonders gut (Bild O 9). Schwere Wände dämmen den Schall also weit mehr als leichte Wände. Die Art des Werkstoffes ist

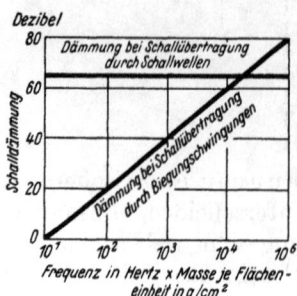

Bild O 9.

für diese Art der Schallübertragung bedeutungslos. Die durch Biegungsschwingungen bewirkte Schallübertragung läßt sich bei gegebenen Wandgewichten dadurch beträchtlich vermindern, daß man an Stelle einer dicken Wand zwei oder mehrere voneinander getrennte, entsprechend dünnere Wände anordnet. Dabei muß allerdings darauf geachtet werden, daß zwischen den Einzelwänden keine starren Verbindungen bestehen, die die Wände fest miteinander koppeln und so die Aufteilung unwirksam machen.

Für den Schallwellendurchgang ist die Art des Werkstoffes von Bedeutung. Die Wanddicke spielt jedoch keine besondere Rolle. So ist z. B. für die Schwächung der Schallwellen um ein Dezibel — also für eine Schwächung auf das 0,8-fache des Anfangswertes — im Mauerwerk eine Weglänge von etwa 5 bis 20 m erforderlich. Auch die

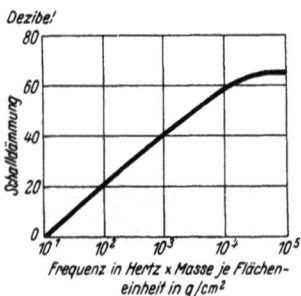

Bild O 10.

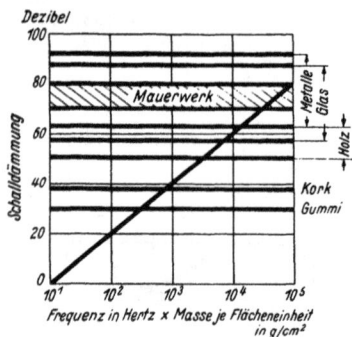

Bild O 11.

Tonhöhe hat für den Schallwellendurchgang keine besondere Bedeutung. Die Schallübertragung durch Schallwellen und damit die zugehörige Schalldämmung sind praktisch frequenzunabhängig (Bild O 9). Tiefe Töne werden allerdings durch Biegungsschwingungen übertragen.

Eigentlich müßte man die beiden Schalldämmungen gemeinsam in Betracht ziehen. Wie Bild O 10 im Vergleich mit Bild O 9 zeigt, ist es jedoch zulässig, jeweils nur die geringere der beiden Schalldämmungen zu berücksichtigen. Dies kann an Hand des Bildes O 11 geschehen, in das die für Schallwellenübertragungen geltenden Dämmungen der gebräuchlichsten Werkstoffe eingetragen sind.

5. Berechnungsbeispiel.

Wir berechnen die Schalldämmung für den Lärm, der durch eine Tür und den zugehörigen Türspalt in einen Raum eindringt: Die Wand, in der sich die Tür befindet, läßt keinen Lärm durch. Die Tür besteht aus 2 cm dickem Sperrholz mit einem spezifischen Gewicht von 0,6. Die Maße der Türe sind: Höhe 2 m, Breite 1 m. Rings um die Tür läuft ein Spalt von 1 mm Breite. Für den Lärm ist ein Frequenzbereich von 400 bis 4000 Hertz in Betracht zu ziehen.

Wir bestimmen zunächst die Schalldämmung der Tür mit Hilfe des Bildes O 11. Mit den gegebenen Werten erhalten wir: Frequenz in Hertz mal Masse in g je Flächeneinheit in cm² = (400 bis 4000) × 2 × 0,6 = 480...4800. Das gibt eine Schalldämmung, die mit der Frequenz von ungefähr 34 bis 54 Dezibel ansteigt, die aber je nach der Holzart schon von 50 Dezibel ab nach oben begrenzt sein kann — d. h. einen für die oberen Frequenzen gleichbleibenden Wert aufweist.

Der Spalt wirkt nach Bild O 7 für eine Frequenz von 400 Hertz mit ungefähr 130facher Fläche. Da die tatsächliche Spaltfläche 1 × (2 × 1000 + 2 × 2000) = 6000 mm² = 60 cm² beträgt, erhalten wir für 400 Hertz als wirksame Spaltfläche 60 × 130 = 7800 cm².

Auf die Türfläche von 100 × 200 = 20000 cm² entfalle eine Schalleistung 20000 Mikrowatt. Davon gehen durch die Türe — entsprechend einer Schalldämmung von 34 Dezibel (= 2500 s. S. 13) — 20000 : 2500 = 8 Mikrowatt. Durch die wirksame Spaltfläche gehen 7800 Mikrowatt, wogegen die 8 Mikrowatt gar keine Rolle spielen. Die 7800 bedeuten gegenüber 20000 eine Schallschwächung im Verhältnis 20000 : 7800 = rund 2,5 : 1, was nur 4 Dezibel gleichkommt. Also: Schalldämmung 4 Dezibel.

Für die 4000 Hertz erhalten wir mit Bild O 7 eine wirksame Spaltfläche von etwa 60 × 10 = 600 cm². Das gibt hier eine durchgelassene Schalleistung von 600 Mikrowatt oder eine Schallschwächung von 20000 : 600 = 33 : 1, was etwa 15 Dezibel bedeutet. Gegenüber der durch den Spalt gehenden Schalleistung spielt wiederum die durch die Türe selbst hindurchgehende Schalleistung keine Rolle.

Wir erkennen aus dem Beispiel, daß selbst schmale Spalten die Schalldämmung sehr beeinträchtigen.

Zusammenfassung:

1. Das von den Zuhörern verursachte Geräusch hängt von der Art der Veranstaltung ab und ist bei großem Nachhall des Wiedergaberaumes bedeutend stärker als bei kleinem Nachhall.

2. In der Anlage selbst können sich vor allem folgende Störgeräusche auswirken: Rundfunkstörungen, Nadelgeräusch und Netzbrummen.
3. Zur Vermeidung der Rundfunkstörungen ist Drahtfunk vorzuziehen oder zumindest eine geschirmte Antennenanlage zu verwenden.
4. Als Maßnahmen gegen das Nadelgeräusch empfehlen sich: Die Verwendung neuer Platten, deren Schonung durch Abspielen mit guten, neuen Nadeln und notfalls auch Nadelgeräuschfilter.
5. Netzbrummen wird durch Einstellung der Entbrummer (an den Verstärkern sowie am Rundfunkgerät) und besonders durch richtige Erdung bekämpft.
6. Von außen stammendes Störgeräusch dringt vorwiegend durch Ritzen ein. Schmale Spalten und kleine Löcher wirken besonders für tiefe Frequenzen mit einem hohen Vielfachen ihrer tatsächlichen Flächen.

P. Beurteilung und Bewertung der Übertragungsanlagen.

1. Die Hauptgesichtspunkte für die Beurteilung und Bewertung.

Bezüglich der Beurteilung und Bewertung der Übertragungsanlage denken wir zunächst selbstverständlich an die Wiedergabeeigenschaften, wobei für die Sprachübertragung die Verständlichkeit an erster Stelle steht.

Neben den Wiedergabeeigenschaften sind aber auch noch andere Gesichtspunkte zu beachten: Die Betriebsbereitschaft, die Sicherheit gegenüber Störungen sowie die Bedienungsbequemlichkeiten können auch bei Anlagen mit gleichen Ausmaßen und gleichen Wiedergabeeigenschaften recht verschieden sein. Erhöhte Betriebsbereitschaft, besondere Sicherheit und erleichterte Bedienung werden oft mit Recht gefordert. Daß solche Forderungen nur durch einen meist erheblichen Mehraufwand an Kosten zu erfüllen sind, muß man beim Vergleich verschiedener Kostenangebote selbstverständlich beachten.

Schließlich können sich Anlagen, die betriebsmäßig und in der Wiedergabegüte gleichwertig sind, auch durch die Arten und durch die Verlegung der Leitungen sowie durch die Güte und durch die Baujahre der gewählten Bauteile unterscheiden.

Diese Gesichtspunkte wollen wir hier — in Gruppen zusammengefaßt — noch etwas eingehender behandeln.

2. Die Wiedergabeeigenschaften.

Diese Eigenschaften sind sowohl von der Übertragungsanlage wie auch von der Gestaltung und dem Ausbau der Wiedergaberäume abhängig. Der Elektroakustiker kann die nachteiligen Einflüsse des Wiedergaberaumes wohl weitgehend mildern, wenn ihm die Möglichkeit gegeben ist, die Schallquelle auf viele kleine Lautsprecher aufzuteilen. Ganz ließen sich die Einflüsse des Wiedergaberaumes jedoch nur durch eine Schallverteilung beseitigen, die ausschließlich durch Kopfhörer vorgenommen würde.

. War die Anlage in einen gegebenen, akustisch nicht einwandfreien Raum einzubauen, wobei die Lautsprecheranordnung nicht den Verhältnissen entsprechend gewählt werden durfte, so ist bei der Beurteilung der Wiedergabeeigenschaften die durch den Raum bedingte Verschlechterung unbedingt zu beachten.

Der große Einfluß des Raumes weist darauf hin, daß die Beurteilung der Wiedergabeeigenschaften nur im besetzten, niemals aber im leeren Raum erfolgen darf.

Da die Hörer den Schall sehr wirksam dämpfen, muß die Prüfung auf ausreichende Schalleistung bei voller Besetzung und womöglich auch bei geöffneten Lüftungseinrichtungen geschehen.

Die Prüfung auf akustische Rückkopplung und auf Verständlichkeit hat hingegen bei schwacher Besetzung zu geschehen. Die Mikrophonbesprechung ist in diesem Fall so leise und aus solch großer Entfernung vorzunehmen, wie das unter den ungünstigsten Verhältnissen vorkommen könnte. Bei kräftiger Mikrophonbesprechung und vollem, warmem Wiedergaberaum hat man eine akustische Rückkopplung weniger zu befürchten.

Die Verständlichkeit ist bei ausreichender Leistung im vollbesetzten Raum größer als im leeren Raum. Lediglich in den Nischen und den äußersten Ecken des Raumes kann die Verständlichkeit bei voller Besetzung geringer werden als bei schwacher Besetzung.

Die schärfste Prüfung der Verständlichkeit besteht darin, daß man einzelne ganz zusammenhanglose Silben durchgibt. Diese Silben werden zuvor schriftlich niedergelegt und einzeln — aber in Gruppen von je 10 Silben — gesprochen. Ein oder mehrere Beobachter schreiben die wiedergegebenen Silben auf. Etwa 70% aller Silben sollten richtig verstanden werden.

Die Güte der Musikwiedergabe prüfe man mit einigen Schallplatten, wozu sich Orchesterstücke besonders gut eignen. Nebenbei spiele man aber auch eine »Frequenzplatte« durch. Diese erzeugt einen Ton, dessen Frequenz sich während des Abspielens stetig ändert. Die Frequenzplatte ermöglicht es, den von der Übertragungsanlage wiedergegebenen Frequenzbereich ziemlich genau abzuschätzen. Noch wichtiger ist eine solche Prüfung, weil sie zeigt, ob die Anlage störende Resonanzen aufweist. Diese Resonanzen geben sich beim Abspielen der Frequenzplatte dem Gehör durch sehr ausgeprägte Lautstärkeschwankungen deutlich zu erkennen. Treten beträchtliche Resonanzen in größerer Zahl auf, so ist von der Anlage keine gute Wiedergabe zu erwarten. In diesem

Fall muß untersucht werden, ob die Resonanzen in den Verstärkern oder in den Lautsprechern oder aber in dem Zusammenwirken der Lautsprecher mit dem Wiedergaberaum begründet sind.

3. Die Betriebseigenschaften.

Für den gewöhnlichen Betrieb sind eine besonders große Betriebsbereitschaft und eine leichte Bedienbarkeit stets erwünscht. Sie werden zur Notwendigkeit, wenn die Anlage auch von Ungeschulten bedient werden soll.

Besondere Betriebsbereitschaft und leichte Bedienbarkeit lassen sich am günstigsten durch Zusammenfassung der Anlage in einer Zentrale erreichen. Die Zentrale muß mit ausreichender Beschriftung und mit eindeutigen Lichtzeichen ausgerüstet sein.

Zum zweckmäßigen Bau einer Zentrale sind große Erfahrungen nötig. Besteht keine Gewähr dafür, daß die Zentrale von besonders erfahrenen Fachleuten gebaut wurde, so ist es zur Beurteilung der Anlage unbedingt erforderlich, an Hand der schriftlichen Anweisung — und gegebenenfalls nach einer kurzen mündlichen Erläuterung — die Anlage in Betrieb zu nehmen sowie alle vorgesehenen Betriebsfälle zu verwirklichen. Das muß mit Sicherheit ohne Rückfragen möglich sein.

Für den Fall einer Störung ist die Übersichtlichkeit der Anlage von ganz besonderer Bedeutung. Eine rasche Störbeseitigung verlangt günstige Umschaltmöglichkeiten für die Lautsprecherstromkreise, für die Verstärker und für die Mikrophone. Außerdem sollen die Verstärker und die Schalteinrichtungen bequem zugänglich sein (z. B. Verstärker herausziehbar, Schaltplatte zum Herausklappen). Besondere Beachtung verdient selbstverständlich die Reserve an Verstärkern, Stromquellen und Mikrophonen (s. S. 92) sowie die Lautsprechersicherheit (s. S. 91). Gerade diese letzten Punkte beeinflussen die Kosten der Anlage bedeutend.

4. Bauteile und Leitungen.

Zwischen Anlagen gleicher Wiedergabe- und Betriebseigenschaften können beträchtliche Unterschiede bestehen. So kann eine Anlage mit neuzeitlichen Lautsprechern, die hohe Wirkungsgrade aufweisen, ausgerüstet sein, während eine andere Anlage ältere Lautsprecher enthält, deren Wiedergabegüte nicht wesentlich schlechter ist, die aber mit geringeren Wirkungsgraden arbeiten.

Ältere Verstärker lassen sich manchmal mit besonderem Aufwand an Verzerrungsgliedern klanglich so weit verbessern, daß sie einem oberflächlichen Vergleich mit neuzeitlichen Verstärkern ziemlich gut standhalten. Aus diesen Beispielen folgt, daß man bei der Bewertung der Anlage sowohl die Hersteller wie auch das Alter der Einzelteile in Anrechnung bringen sollte.

Viel gesündigt wird mitunter hinsichtlich der Leitungen (s. S. 96). Daueranlagen sollten keine langen Litzen enthalten. Die Verlegung muß sauber sein und, soweit es sich um Netzleitungen handelt, VDE-mäßig von besonders zugelassenen Fachleuten durchgeführt sein. Zur Beurteilung der Leitungen ziehe man einen solchen Fachmann hinzu.

Zusammenfassung:

1. An Wiedergabeeigenschaften sind zu prüfen: Die Lautstärke bei vollbesetztem Raum, die Lautstärkeverteilung bei verschiedenen Besetzungen, die Verständlichkeit und die Neigung zu akustischer Rückkopplung bei geringer Besetzung sowie die Musikwiedergabe bei wenigstens mittlerer Besetzung.

2. Als Ergänzung dieser Prüfungen ist das Durchspielen einer Frequenzplatte aufschlußreich.

3. An Betriebseigenschaften sind besonders zu beachten: Die Betriebsbereitschaft und die Bedienbarkeit, die im wesentlichen von der Art des Aufbaues abhängen, sowie die Sicherheit, die außerdem durch die Reserven und durch die Wahl der Lautsprecherstromkreise bestimmt ist.

4. Bezüglich der Ausführung beachte man Baujahre und Ursprung der Bauteile sowie die Arten und die Verlegung der Leitungen.

Sachverzeichnis.

ANHANG

Der Schallringlautsprecher, der eine gute akustische Wirkung hat, fügt sich — wie dieses Bild hier zeigt — mit seiner schön abgeglichenen Form überall bestens ein.

Werkaufnahme Telefunken.

Unauffällige elektroakustische Anlage des neuzeitlichen Freilichttheaters. Die Lautsprecher befinden sich teils hinter den an den Bühnenwänden sichtbaren langgestreckten Rechtecken, teils an dem Hang. Werkaufnahme Telefunken.

11*

Flachlautsprecher können — ihrer geringen Tiefe wegen — auch in solch repräsentativen Räumen ohne Störung des Gesamtbildes angeordnet werden. In der Wandfarbe gehalten, bleiben sie unauffällig. Werkaufnahme Telefunken.

Der Lautsprecher befindet sich hier hinter dem oben sichtbaren Metallgitter — eine vorzügliche architektonische Lösung, die auch dem Elektroakustiker einwandfreie Möglichkeiten bietet.   Werkaufnahme Telefunken.

Selbst alten Stilarten kann man den Flachlautsprecher so angleichen, daß sich der Eindruck unbedingter Zugehörigkeit zum Ganzen ergibt.

Werkaufnahme Telefunken.

Hier ist der Lautsprecher der neuzeitlichen Einrichtung so gut angepaßt,
daß er die Schönheit und Wohnlichkeit des Raumes hebt.

Werkaufnahme Telefunken.

Dieses Bild beweist, wie gut der Innenarchitekt zwischen dem Raumcharakter und dem Äußeren des Lautsprechers einen Einklang zu erzielen vermag.

Werkaufnahme Telefunken.

Eine Verstärkeranlage mit DAF-Empfänger in übersichtlicher Schrankform für kleinere und mittlere Betriebe und Leistungen bis zu 70 W. Werkaufnahme Telefunken.

Ein Bodenlautsprecher, der im Freigelände dort am Platz ist, wo die Umstände das Aufstellen der Lautsprecher verbieten. Werkaufnahme Telefunken.

Der Einsatz von Rundstrahlern bei großen Kundgebungen im Freien.
Die Strahler sind — dem Aufbau der Stufen gemäß — geneigt.

Werkaufnahme Körting.

Rundstrahler, die in einer großen Halle ampelartig aufgehängt sind. Hierbei kann die günstigste Höhe bequem eingestellt werden. Werkaufnahme Körting.

Lautsprecher in einem Schiff. Wegen der geringen Raumhöhe besteht der Rundstrahler hier aus einer kreisförmigen Schallwand und einem davor angeordneten kreisförmigen, mit einem Kegel versehenen Brett.

Werkaufnahme Körting.

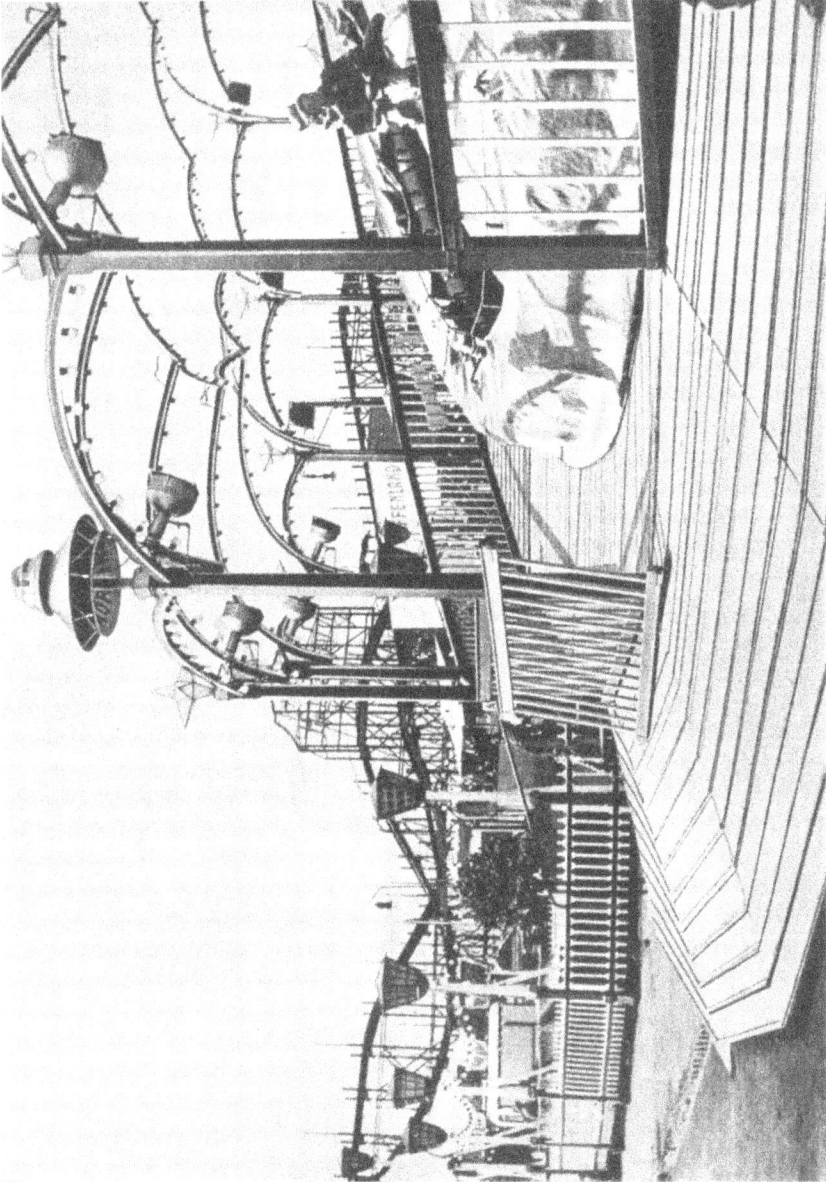

Bei Volksfesten und auf Vergnügungsstätten sind Rundstrahler mit Rücksicht auf die geringste gegenseitige Störung recht vorteilhaft. Werkaufnahme Körting.

Vorbildliche Unterbringung des Lautsprechers hinter der zu einer doppelten Wand-
leuchte gehörigen Zierscheibe (Rasthaus am Chiemsee).   Werkaufnahme Lorenz.

Wandlautsprecher hinter stilvoller Holzverkleidung. Eine besonders unauffällige Einbauweise (Rasthaus am Chiemsee). Werkaufnahme Lorenz.

Ein Raum des Rasthauses am Chiemsee mit Lautsprechern, die gemäß dem
vorletzten Bild eingebaut sind. Werkaufnahme Lorenz.

Ein anderer Raum des Rasthauses am Chiemsee. Man kann die in dem vorletzten Bild gezeigten Lautsprecherabdeckungen hinter den Wandleuchten
erkennen.   Werkaufnahme Lorenz.

Lautsprecher in spritz- und schwallwasserdichter Ausführung auf dem Sportdeck des Wilhelm Gustloff. Werkaufnahme Lorenz.

Die ebenfalls abdichtbaren Lautsprecher auf dem Bootsdeck des KdF-Schiffes Wilhelm Gustloff. Werkaufnahme Lorenz.

Die Lautsprecheranordnung auf dem Promenadedeck des KdF-Schiffes Wilhelm Gustloff.   Werkaufnahme Lorenz.

Die übersichtliche Verstärkerzentrale, von der aus die vorstehend abgebildeten Lautsprecher betrieben werden.   Werkaufnahme Lorenz.

Ein Längsstrahler, wie er heute vielfach zur Besprechung der Bahnsteige benutzt wird.

Werkaufnahme Te Ka De.

Verstärkerzentrale des Nürnberger Stadions mit zahlreichen Schaltmöglich keiten.

Werkaufnahme Te Ka De

20-Watt-Rundstrahler mit dem üblichen Rohrständer in der Luitpold-Arena,
Nürnberg.   Werkaufnahme Te Ka De.

20-Watt-Rundstrahler auf einem Dreifuß für beliebige Aufstellung (Luitpold-Arena, Nürnberg).   Werkaufnahme Te Ka De.

Schalen-Lautsprecher in einem Werks-Kasino. Die gleichzeitig als Beleuchtungs-
körper verwendeten Lautsprecher sind schön und zweckmäßig angebracht.

Werkbild Siemens.

Das Künstlerhaus in München stellte hohe Anforderungen an die Elektro-Akustiker und Innen-Architekten. Die Lautsprecher wurden hier im Restaurant hinter den oberen ovalen Bildern angebracht. Werkbild Siemens.

Rundfunk-Übertragungs-Anlage im Gästehaus in Nürnberg. Das Bild zeigt die über den Türen architektonisch vorbildlich und akustisch günstig eingefügten Lautsprecher.   Werkbild Siemens.

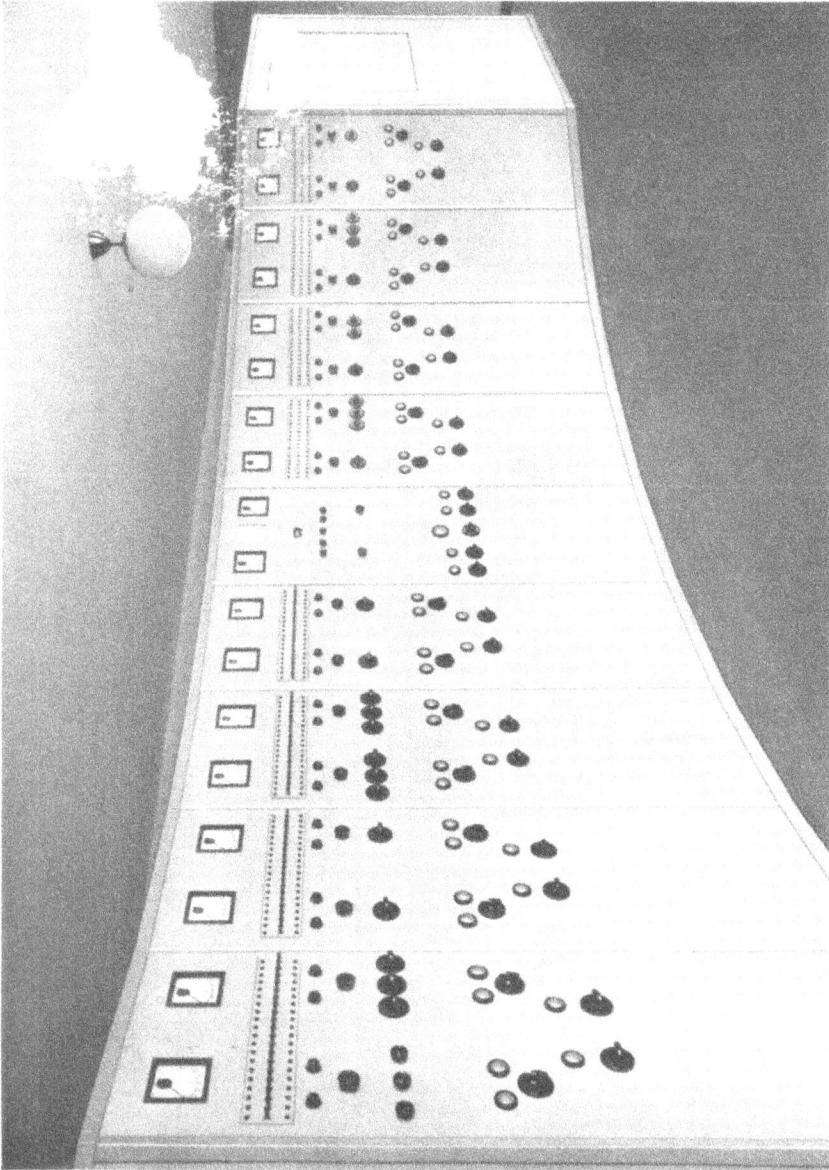

Großzentrale auf der NS-Ordensburg Sonthofen für Gemeinschafts-Empfang,
Befehls- und Nachrichten-Übermittlung sowie für Unterrichtszwecke.

Werkbild Siemens.

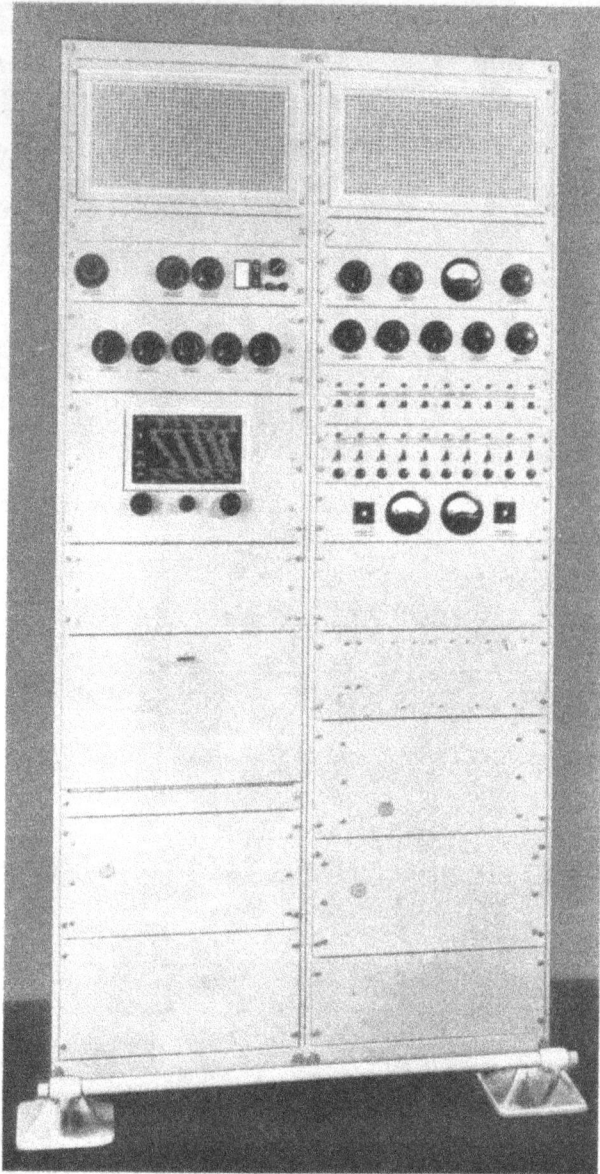

Schaltzentrale einer größeren Werkslautsprecher-Anlage für gemischt zentralisierten und dezentralisierten Betrieb. Werkbild Siemens.

www.ingramcontent.com/pod-product-compliance
Lightning Source LLC
Chambersburg PA
CBHW081558190326
41458CB00015B/5650